UNIVERSITÉ DE FRANCE

TRAVAUX & MÉMOIRES

DES

FACULTÉS DE LILLE

TOME I. — Mémoire N° 4.

A. & P. BUISINE. La Cire des Abeilles (Analyse & Falsifications)

LILLE

AU SIÈGE DES FACULTÉS, PLACE PHILIPPE-LEBON

1891

LA
CIRE DES ABEILLES

ANALYSE ET FALSIFICATIONS

PAR

A. BUISINE
Chargé de cours à la Faculté
des Sciences de Lille.

P. BUISINE
Préparateur à la Faculté des
Sciences de Lille.

TRAVAUX ET MÉMOIRES DES FACULTÉS DE LILLE

Mémoire N° 4.

LILLE

AU SIÈGE DES FACULTÉS, PLACE PHILIPPE-LEBON

1891

INTRODUCTION

Les produits secrétés par les différents organes des animaux ou élaborés par les cellules des plantes sont généralement très complexes et la composition chimique de beaucoup d'entre eux n'est encore que très imparfaitement connue.

On est parvenu, il est vrai, à isoler de ces produits les principaux composés qu'ils renferment, ceux qui y entrent en plus grande quantité, mais, à côté de ceux-ci, il reste toujours des résidus plus ou moins abondants qu'on néglige le plus souvent, car leur étude présente les plus grandes difficultés. Les composés organiques, qu'on peut rencontrer à l'état de mélanges naturels, étant extrêmement nombreux, le problème peut d'ailleurs se présenter sous des formes très diverses.

L'analyse immédiate d'un produit organique est souvent un travail compliqué ; c'est toujours une opération longue et laborieuse. On ne possède pas, en effet, pour la recherche et la séparation des composés de la chimie organique, de méthodes générales, systématiques, analogues à celles dont on se sert couramment pour la séparation des composés des métalloïdes et des métaux. Dans une étude de ce genre, on n'a comme guide que quelques règles générales, posées autrefois par Chevreul (1), et la marche à suivre est laissée entièrement à la sagacité de l'opérateur.

(1) Comptes rendus des séances de l'Académie des sciences, 1857, t. 44, p. 889.

L'analyse quantitative est encore moins avancée. On ne connaît, en effet, que quelques procédés de dosage s'appliquant à un petit nombre de corps et, dans cette voie, surtout, il reste beaucoup à faire.

Ces recherches présentent cependant un grand intérêt. On sait que beaucoup de ces produits servent à l'alimentation, d'autres sont des matières premières importantes pour l'industrie et on rencontre souvent de sérieuses difficultés pour établir leur pureté ou déceler les falsifications dont ils sont l'objet. Or, ce qui rend leur analyse si pénible, c'est le manque de données suffisamment précises sur leur composition et de méthodes pour isoler et doser les principes qu'ils renferment.

Il faut savoir, du reste, que la composition de ces produits n'est pas rigoureusement constante. Formés souvent par le mélange de nombreux principes immédiats, ils ne les renferment pas toujours exactement dans les mêmes proportions. En outre, bien des causes peuvent amener des modifications plus ou moins profondes dans leur composition.

D'une façon générale, celle-ci varie, pour un même produit, avec l'origine, les conditions de production, etc. S'il s'agit, par exemple, d'un produit de sécrétion animale, sa composition change avec les conditions d'existence, l'alimentation, l'état de santé de l'animal qui l'a fourni, l'espèce à laquelle il appartient, etc.

En outre, pour la plupart de ces substances, il faut encore considérer les altérations spontanées auxquelles elles sont sujettes et dont les causes sont multiples.

On sait que beaucoup de produits organiques, exposés à l'air, s'altèrent quelquefois très profondément; tels sont, par exemple, la plupart des liquides organiques, le lait, l'urine, le vin, la bière, les jus sucrés, etc., les graisses, le beurre, etc. Dans certains cas, notamment pour le beurre qui rancit, l'altération est le résultat d'une oxydation par l'oxygène de l'air ; d'autres fois, ce sont des phénomènes de fermentation, dus à des microbes divers, apportés par l'air. Le produit est ainsi quelquefois complètement transformé et toutes ces modifications se retrouvent à l'analyse.

Ce sont autant de faits dont il faut tenir compte dans l'examen de ces substances et dans la recherche de leurs falsifications, sous peine de s'exposer à de graves mécomptes.

On voit toutes les complications qui peuvent se présenter dans l'analyse des produits organiques ; pour beaucoup d'entre eux et non des moins importants, tels que les huiles, le beurre, les cires, etc., il en est ainsi et, en outre, on manque de méthodes ou on n'a que des méthodes très imparfaites pour étudier leur composition.

Pour caractériser un produit organique, on se contente généralement de faire quelques déterminations physiques ou chimiques et on conclut d'après les résultats qu'elles fournissent. Cela peut suffire dans certains cas particuliers, mais souvent il n'est pas possible de se prononcer sur ces données beaucoup trop incertaines.

On augmente, il est vrai, les chances de succès en multipliant les déterminations ; l'idéal, dans ce cas, serait de pouvoir doser tous les composés que renferme le produit, comme cela se fait en chimie minérale. C'est, en effet, le seul moyen qui permette de conclure toujours avec certitude. Malheureusement, la chose n'est possible que dans un très petit nombre de cas, mais c'est évidemment le but vers lequel il faut tendre.

Nous avons voulu mettre en pratique ces idées concernant l'analyse des matières organiques et nous avons cherché un produit qui pût servir d'exemple à un travail de ce genre. Parmi beaucoup d'autres, nous avons choisi la cire des abeilles, qui nous a paru réunir toutes les complications que l'on peut rencontrer dans les recherches de cette nature.

D'abord, la cire des abeilles est un produit de composition très complexe; elle renferme, en effet, sous forme de mélange, les principes les plus divers, appartenant à des fonctions chimiques très différentes.

L'abeille fait partie d'un genre qui compte un grand nombre d'espèces; les espèces qui secrètent de la cire, que ces insectes emploient, on le sait, à la confection des rayons, ces élégantes constructions où ils emmagasinent leur provision de miel et le produit de la ponte, sont nombreuses; elles vivent sous des latitudes très différentes, butinent sur des végétaux très divers, et on peut étudier comparativement la composition chimique de leurs productions.

La cire, qui, à l'état brut, est toujours colorée, subit à l'air certaines transformations et le fait est appliqué au blanchiment du produit. Dans ces conditions, on observe, en effet, entre autres modifications, la destruction de la matière colorante.

Enfin, la cire a reçu de nombreux emplois; elle est l'objet d'un commerce important et, comme son prix est assez élevé, elle est souvent falsifiée, notamment par des cires minérales ou végétales, douées de propriétés physiques très voisines, mais possédant une composition chimique toute différente. Ces falsifications sont, du reste, souvent faites avec beaucoup de talent et, jusqu'à présent, il est très difficile sinon impossible de les caractériser.

Tels sont les principaux points qui ont fixé notre attention, c'est-à-dire les données les plus importantes du problème que nous nous sommes posé.

Après avoir revu et complété les travaux antérieurs sur la composition chimique de la cire des abeilles, nous avons cherché à faire une analyse quantitative exacte du produit. Nous avons ainsi établi une série de procédés permettant de doser dans la cire les différents composés qui entrent dans sa constitution, en employant, autant que possible, des méthodes simples et pratiques, pour qu'elles puissent être appliquées d'une façon courante à l'essai des cires du commerce.

En possession de ces méthodes, nous avons étudié un grand nombre d'échantillons de cire d'abeilles de diverses origines et établi respectivement leur composition. Nous avons pu ainsi fixer les limites entre lesquelles oscillent les résultats de ces dosages. Ces nombres, qui représentent quantitativement la composition de la cire des abeilles, établis une fois pour toutes, sur des échantillons purs et authentiques, constituent un ensemble de constantes qui caractérisent très nettement le produit et qui nous serviront de base pour la recherche des falsifications dont cette matière est l'objet.

Nous avons étudié de la même façon quelques cires étrangères, produites par d'autres espèces d'abeilles, celles de Madagascar, de Haïti, etc.

Nous avons abordé ensuite l'étude des cires blanchies, expérimenté au laboratoire les procédés en usage pour le blanchiment de la cire brute et suivi, par la même méthode d'analyse, les modifications que l'opération apporte dans la composition du produit. Nous avons pu ainsi établir la théorie du blanchiment à l'air dont certains détails étaient encore inexpliqués. Nous avons, en outre, obtenu de cette façon les nombres particuliers aux cires blanchies par les différents procédés, nombres qui représentent leur composition et dont nous nous sommes servis ensuite pour caractériser les fraudes.

Ces déterminations étant faites, nous avons entrepris la recherche des falsifications.

Après avoir passé en revue, pour en faire ressortir l'insuffisance, les anciens procédés proposés à cet effet, nous montrons avec quelle netteté on peut, quelles qu'elles soient, les déceler par notre méthode.

A ce propos, nous avons été conduits à étudier d'autres variétés de cires, celles qu'on peut ajouter frauduleusement à la cire des abeilles, les cires minérales, les cires végétales, etc. Nous avons examiné de quelle façon elles se comportent dans les différents dosages que comprend notre procédé d'analyse, les nombres qu'elles donnent dans ces conditions et en quoi elles modifient les résultats lorsqu'elles sont mélangées à la cire des abeilles.

Enfin, comme exemple d'application de notre méthode et pour juger du degré de précision qu'elle présentait, nous l'avons appliquée à des mélanges, faits dans des proportions connues, de façon à montrer que l'on peut ainsi établir la fraude qualitativement et quantitativement avec une grande exactitude.

En résumé, le travail que nous présentons est une étude sur la composition chimique de la cire des abeilles jaune et blanchie, c'est-à-dire brute ou transformée par l'oxydation ; il aboutit à une méthode générale de recherche des falsifications de ce produit, méthode dont les principes peuvent être appliqués à l'examen d'autres substances similaires et qui permet toujours de caractériser la fraude avec toute la précision désirable.

I

COMPOSITION CHIMIQUE
DE LA CIRE DES ABEILLES

Les premières recherches sur la composition chimique de la cire des abeilles, faites par John (1), Buchholz et Brandes (2), Boudet et Boissenot (3), Lewy (4), etc., ont établi que ce produit était un mélange de deux principes particuliers qu'on pouvait isoler grâce à leur différence de solubilité dans l'alcool ; l'un est soluble dans l'alcool bouillant et a été désigné sous le nom de *cérine*, l'autre, insoluble dans ce dissolvant, a reçu le nom de *myricine*. Outre ces deux principes essentiels, la cire des abeilles renferme de petites quantités de corps étrangers auxquels elle doit sa couleur, son odeur aromatique, etc.

Lewy (5) avait encore isolé de la cire jaune 4 à 5 pour 100 d'une substance molle, fusible à 28°,5, très soluble dans l'alcool et l'éther froids, acide au tournesol, à laquelle il avait donné le nom de *céroléine*, mais qui, comme l'avait déjà fait remarquer Gerhardt (6), doit être un produit impur, complexe.

Plusieurs chimistes, Ettling (7), Lewy (8), etc., ont fait

(1) Chemische Schriften, t. 4, p. 38.
(2) Archiv der Pharmacie, [2], t. 27, p. 288.
(3) Journal de pharmacie et de chimie, t. 13, p. 38.
(4) Comptes rendus des séances de l'Académie des sciences, 1843, t. 1, p. 676.
(5) Annales de Chimie et de Physique, [3], t. 13, p. 441.
(6) Gerhardt. *Traité de chimie organique*, t. 2, p. 911.
(7) Annalen der Chemie und Pharmacie, t. 2, p. 267.
(8) Comptes rendus des séances de l'Académie des sciences, t. 1, p. 676.

l'analyse élémentaire de la cire des abeilles non dédoublée. Lewy a déterminé également les proportions de carbone et d'hydrogène contenues dans les deux principes constituants, la cérine et la myricine, et il est arrivé à ce résultat curieux que ces deux matières avaient la même composition centésimale et étaient isomériques entre elles et avec la cire, dans laquelle elles existent toutes formées. Nous croyons inutile de donner les nombres obtenus par Lewy car ils ne présentent plus aucun intérêt.

En comparant la cire blanchie sur le pré avec la cire jaune, il trouva que la dernière contenait plus de carbone et moins d'oxygène; il arriva au même résultat pour la cérine de la cire non blanchie et il attribue cette légère différence de composition à l'altération du principe colorant pendant le blanchiment.

Le même auteur, en saponifiant la cire par l'oxyde de plomb, a montré qu'il ne se séparait pas de glycérine dans la réaction. Ce résultat présente une certaine importance, en ce sens qu'il établit une différence entre la cire et les corps gras proprement dits, qui possèdent à d'autres points de vue des propriétés analogues.

Ainsi, la cire, comme Lewy l'a montré également le premier, est attaquée par une lessive concentrée de potasse, en donnant un savon que l'auteur considérait comme complètement soluble dans l'eau.

En traitant la cérine par la chaux potassée à 220°-230°, Lewy (1) observa un dégagement d'hydrogène pur et obtint un acide, fondant à 70°, qu'il croyait être de l'acide stéarique. Cela tient à ce qu'il opérait sur un produit impur, renfermant de la myricine, qu'on ne peut séparer complètement par l'alcool.

Il rapprochait cette réaction de celle obtenue par Dumas et Stas dans l'action de la chaux potassée sur l'éthal.

______

(1) Comptes rendus des séances de l'Académie des sciences, t. i, p. 676.

Ces résultats furent interprétés de différentes façons pour expliquer la constitution chimique de la cire des abeilles.

Lewy crut pouvoir en déduire qu'il n'y avait, entre les principes de la cire et ceux des corps gras ordinaires, d'autre différence que celle qui résulte d'une oxydation plus ou moins avancée.

Rappelons seulement pour mémoire une théorie émise par Gerhardt (1) et basée sur les résultats obtenus par Lewy : la composition centésimale de la cérine (à laquelle il attribuait la formule $C^{10}H^{38}O$) et de la myricine, l'isomérie de ces deux substances et la transformation de la cérine en acide stéarique avec dégagement d'hydrogène par la chaux potassée.

Pour lui, la cérine devait être la véritable aldéhyde stéarique, homologue du blanc de baleine, qu'il considérait alors comme l'aldéhyde cétylique, et la myricine, son polymère, correspondait à la métaldéhyde stéarique.

Il expliquait ainsi les principales propriétés de la cérine, notamment son oxydation par la potasse, qui donnait de l'acide stéarique avec dégagement d'hydrogène, réaction parallèle à celle que donne le blanc de baleine dans les mêmes conditions.

Mais cette théorie, qui reposait sur des données tout à fait fausses, fut bientôt abandonnée.

Les produits de la distillation sèche de la cire furent étudiés par Ettling (2) et par Gerhardt (3).

On obtient ainsi de nombreux produits, complexes, plus ou moins bien définis, parmi lesquels de l'eau, des acides gras volatils, une huile volatile, des carbures solides et liquides et un acide gras solide, qui paraissait être l'acide margarique, enfin des gaz, éthylène, acide carbonique, etc., mais pas traces d'acroléine et d'acide sébacique.

Les produits de l'oxydation de la cire furent également étudiés

(1) Annales de Chimie et de Physique, [3], t. 15, p. 238.
(2) Annalen der Chemie und Pharmacie, t. 2, p. 251.
(3) Annales de Chimie et de Physique, [3], t. 15, p. 238.

par Gerhardt et Ronalds (1), et plus tard par Arppe (2), sans fournir toutefois d'indications sérieuses sur la constitution chimique de la cire. On obtient les mêmes produits que dans l'oxydation de l'acide stéarique et des autres corps gras.

Brodie (3), dans son travail classique sur la constitution chimique de la cire des abeilles, montra que la partie de la cire soluble dans l'alcool, la cérine, était formée essentiellement d'un acide gras élevé, l'acide cérotique, $C^{27}H^{54}O^2$, et que la partie insoluble, la myricine, était l'éther palmitique de l'alcool mélissique, $C^{16}H^{31}O. OC^{30}H^{61}$.

En traitant la cire par l'alcool bouillant, il séparait d'abord les deux principes constituants, la cérine et la myricine.

La solution alcoolique de cérine, additionnée d'acétate de plomb, laissait déposer un sel de plomb qui, après lavage à l'alcool et l'éther, était décomposé par l'acide acétique cristallisable.

L'acide ainsi séparé, purifié par cristallisation dans l'alcool, fondait à 78° ; sa composition centésimale lui assignait la formule $C^{27}H^{54}O^2$; Brodie lui donna le nom d'acide cérotique.

La myricine, insoluble dans l'alcool, était saponifiée par la potasse alcoolique. Le produit de la réaction, débarrassé de l'alcool, est ensuite additionné, en solution aqueuse, de chlorure de baryum. Le savon de baryum précipité est séché, épuisé à l'éther, et la matière ainsi extraite est purifiée par cristallisation dans l'alcool et le naphte. Le produit obtenu fond à 85° et répond à la formule $C^{30}H^{62}O$; c'est un alcool gras, auquel Brodie donna le nom d'alcool mélissique. Le savon de baryum décomposé lui fournit un acide fusible à 62°, l'acide palmitique, $C^{16}H^{32}O^2$.

On peut encore opérer autrement : saponifier la myricine par la potasse alcoolique, traiter le savon en dissolution dans

<hr>

(1) Comptes rendus des séances de l'Académie des sciences, 1843, t. I, p. 940, et Annales de chimie et de physique, [3] t. 15, p. 245.

(2) Bulletin de la Société chimique de Paris, t. 5, p. 55.

(3) Liebig's Annalen der Chemie, 1848, t. 67, p. 180.

l'eau par un excès d'acide, dissoudre la matière grasse, séparée ainsi, dans l'alcool bouillant ou la benzine et abandonner la solution à la cristallisation; l'alcool mélissique se dépose et l'acide palmitique reste dans l'eau mère, d'où on peut le séparer à l'état de pureté par précipitation au moyen de l'acétate de plomb.

Brodie fait observer, en outre, qu'à côté de ces deux principes immédiats définis, la cérine et la myricine, la cire des abeilles doit renfermer, en petites quantités, d'autres acides et d'autres alcools voisins, qu'on devait retrouver dans les eaux de purification des alcools et des acides précédents; il ne put obtenir, en effet, à l'état de pureté que les corps à point de fusion les plus élevés et en même temps les moins solubles. Ainsi, l'acide cérotique serait accompagné, d'après lui, d'une petite quantité d'un acide dont le sel de plomb est soluble dans l'alcool chaud et qui se rapproche de l'acide margarique.

M. Schalfeieff (1) soumit à un nouvel examen l'acide cérotique, retiré de la cire des abeilles, et fut amené à conclure que cet acide n'était pas un composé chimique défini, mais un mélange de différents acides.

L'acide obtenu par la méthode de Brodie présenterait bien la composition $C^{27}H^{54}O^2$ et toutes les propriétés indiquées par ce savant, mais serait un produit complexe. Schalfeieff le soumit à une série de précipitations fractionnées par l'acétate de plomb. Il put ainsi en isoler plusieurs substances, entre autres, un acide fusible à 91°, qu'on peut encore obtenir en faisant cristalliser l'acide de Brodie dans l'éther et dont la composition paraît se rapprocher de la formule $C^{34}H^{68}O^2$.

Zatznek (2) a répété les expériences de Brodie et de Schalfeieff et il est arrivé aux résultats suivants : par précipitations fractionnées du savon potassique de l'acide cérotique brut de Brodie, on n'obtient pas l'acide $C^{34}H^{68}O^2$, dont parle Schalfeieff,

(1) Bulletin de la Société chimique de Paris, t. 26, p. 450, et t. 27, p. 372.
(2) Monatshefte für Chemie, 1882, p. 677.

mais un acide fusible à 78° et qui possède toutes les propriétés de l'acide cérotique $C^{27}H^{54}O^2$ de Brodic.

Fr. Nafzger (1) a repris l'étude des acides de la cire des abeilles.

La cire, d'abord lavée à l'eau, est épuisée par l'alcool bouillant, de façon à priver complètement la myricine insoluble de l'acide cérotique libre qui l'accompagne. Celui-ci entraînant un peu de myricine, il le traite par la soude alcoolique, pour saponifier cette dernière; il épuise ensuite le savon séché par l'éther de pétrole bouillant, qui enlève les principes neutres.

L'acide cérotique brut, remis en liberté, fondait à 76°; purifié par une série de cristallisations dans l'alcool, son point de fusion arrive à 77°,5. Par des précipitations fractionnées par l'acétate de cuivre, il obtint, dans les premières portions, un acide fondant à 78°.

L'acide cérotique ne pouvant être distillé, il eut recours, pour achever la purification, à la préparation de son éther méthylique, par l'action de l'acide chlorhydrique sur la solution de l'acide dans l'alcool méthylique.

Cet éther, qui fond à 60°, cristallise dans l'alcool méthylique en lamelles nacrées et distille sans décomposition dans le vide. Par saponification, il régénère l'acide cérotique, qui fond à 78°. L'analyse de cet acide et de ses sels conduit à la formule $C^{27}H^{54}O^2$, qui a été assignée par Brodic à l'acide cérotique.

Pour séparer les acides qui peuvent accompagner l'acide cérotique dans l'acide brut, Nafzger soumet celui-ci (bien débarrassé des produits alcooliques par lavage des savons à l'éther de pétrole) à une série de précipitations fractionnées au moyen de l'acétate de magnésie, par la méthode de Heintz.

(1) Liebig's Annalen der Chemie, t. 224, p. 225, et Bulletin de la Société chimique de Paris, t. 44, p. 142.

Il a isolé ainsi, dans les premières portions, un acide fusible à 89°-90°, déjà signalé par Schalfeieff. Cet acide ne possède pas la composition $C^{34}H^{68}O^2$, que lui a assignée ce chimiste, mais celle de l'acide mélissique, $C^{30}H^{60}O^2$ ou $C^{31}H^{62}O^2$.

Les eaux mères alcooliques de l'acide cérotique brut abandonnent, après distillation d'une partie du dissolvant, une masse molle, jaune, fusible à 44°,5. Ce produit renferme un mélange d'acides ayant une forte odeur de cire et appartenant à la série oléique. Ces acides n'ont pu être isolés, mais leurs sels de plomb sont solubles dans l'éther sec et les sels de baryum sont solubles dans l'alcool absolu.

Pour séparer les acides contenus dans la myricine, Nafzger saponifie ce principe par la soude alcoolique ; le produit de la réaction, débarrassé de l'alcool, est séché et ensuite épuisé à froid et à chaud par l'éther de pétrole.

Le savon restant est décomposé; il fournit un acide brut qui fond à 58° et qui, purifié par cristallisation dans l'alcool et l'éther de pétrole, donne de l'acide palmitique pur.

Nafzger arrive encore au même résultat en saponifiant l'acide brut par le carbonate de soude et étendant le savon de beaucoup d'eau. Le palmitate de soude, peu soluble, se dépose et il le purifie par cristallisation dans l'alcool. Ainsi traité, ce savon est décomposé et fournit un acide qui fond à 61°.

Les eaux mères alcooliques des premières cristallisations de l'acide palmitique renferment des acides encore mal définis, odorants ; c'est un mélange d'acides de la série oléique. A part ces acides, existant en petites quantités, Nafzger n'a pu retirer de la myricine que l'acide palmitique, qui forme la presque totalité des acides contenus dans ce produit.

Les principes neutres de la cire des abeilles ont été étudiés par Schwalb (1), qui suivit pour cela la méthode employée par Strucke (2) dans son étude sur la cire de Carnauba.

(1) Liebig's Annalen der Chemie, t. 235, p. 106.
(2) Liebig's Annalen der Chemie, t. 223, p. 283.

Après séparation par l'alcool de l'acide cérotique libre (dont la cire contiendrait d'après lui 5,20 pour 100), la myricine brute est saponifiée par la soude alcoolique ; on chasse l'alcool, on reprend le résidu par l'eau et on précipite le savon par addition de sel marin ; ainsi débarrassé de l'excès d'alcali, ce savon est séché et épuisé par l'éther de pétrole (bouillant de 60° à 90°). On enlève au total 58,29 pour 100 du poids de la myricine, soit 55,25 pour 100 de la cire. La matière extraite par chaque épuisement est séparée et l'on a ainsi une série de produits dont le point de fusion va constamment en s'élevant, de 62° à 82°. Il soumit alors ces divers produits à une purification méthodique par l'éther de pétrole, en commençant par celui qui possédait le point de fusion le plus élevé, reprenant le suivant par l'eau mère qu'il fournissait et ainsi de suite.

L'éther de pétrole enlève d'abord une partie très soluble, qui renferme deux hydrocarbures saturés, de la série $C^n H^{2n+2}$, fondant, l'un à 60°, l'autre à 66°—66°,5.

On sépare facilement ces carbures par cristallisations fractionnées dans l'éther ordinaire. Traités par la chaux sodée à 300°, ils ne donnent que des traces d'hydrogène, ce qui indique qu'ils sont complètement débarrassés des produits alcooliques.

Le premier est identique avec l'heptacosane normal de Krafft (1), $C^{27}H^{56}$, le second avec l'hentriacontane normal, $C^{31}H^{64}$; ils correspondent à l'acide cérotique, $C^{27}H^{54}O^2$, et à l'acide mélissique, $C^{31}H^{62}O^2$.

Les eaux mères contiennent, en petites quantités, d'autres hydrocarbures que l'auteur n'a pu séparer.

Nous avons constaté (2), comme nous le montrerons plus loin, que les hydrocarbures de la cire des abeilles ne sont pas uniquement composés de carbures saturés ; ils fixent, en

(1) Berichte der Deutschen chemischen Gesellschaft. t. 15, p. 1687 et 1711 ; t. 16, p. 1714.

(2) Bulletin de la Société chimique de Paris, 3ᵉ série, t. 3, p. 867.

effet, du brome, de l'iode, etc., dans la proportion de 22,05 à 22,50 parties d'iode pour 100 d'hydrocarbures.

Selon Schwalb, la cire des abeilles renfermerait ces hydrocarbures dans la proportion de 5 à 6 %.

On verra que réellement elle en contient beaucoup plus, de 12,5 à 14 %, d'après nos dosages.

La portion la moins soluble dans l'éther de pétrole renferme les alcools de la cire. Les derniers épuisements fournissent de l'alcool mélissique presque pur, fondant à 83°—84°. Comme le produit de ces épuisements renferme des traces de savon, on le traite par l'acide chlorhydrique; on lave à l'eau distillée et on fait cristalliser dans l'éther de pétrole. Les cristaux qui se déposent fondent à 83°. On les traite de nouveau par la soude alcoolique et on épuise la masse par l'éther de pétrole. On obtient alors un produit fusible à 85°,5; c'est l'alcool mélissique dont la formule serait, d'après Brodie, $C^{30}H^{62}O$.

L'auteur conclut de ses recherches que cet alcool a plutôt pour composition $C^{31}H^{64}O$. Chauffé avec de la chaux sodée à 300°, il donne, en effet, un acide $C^{31}H^{62}O^2$, fusible à 88°,5—89°, dont le sel de plomb fond à 105°, le sel d'argent à 115°—116°, le sel de magnésium à 160° et le sel de cuivre vers 190°.

L'éther méthylique cristallise en aiguilles soyeuses, fusibles à 71°—71°,5 et l'éther éthylique en aiguilles feutrées, fusibles à 69°,5—70°.

Des eaux mères de l'alcool mélissique, on a isolé, par cristallisations fractionnées, de l'alcool cérylique, fusible à 78°,5, ayant pour formule $C^{27}H^{56}O$, ou peut-être $C^{26}H^{54}O$, qui fournit par l'action de la chaux sodée un acide $C^{26}H^{52}O^2$ ou $C^{27}H^{54}O^2$ et un troisième alcool qui fond à 75°,5, ayant pour formule $C^{25}H^{52}O$ ou $C^{24}H^{50}O$, qui fournit par la chaux sodée un acide $C^{25}H^{50}O^2$ ou $C^{24}H^{48}O^2$.

Il résulte de ces derniers travaux sur la composition de la

cire des abeilles que cette substance, comme toutes les productions des animaux et des végétaux, est de nature très complexe, mais formée en majeure partie, comme l'a montré Brodie, d'acide cérotique libre et de palmitate de myricyle, avec de petites quantités de produits voisins, acides gras ou acides de la série oléique, alcools gras, hydrocarbures, etc., et d'une trace de matières colorantes et de principes odorants mal définis.

En résumé, voici la liste des composés définis qui, jusqu'à présent, ont été isolés de la cire des abeilles.

ACIDES

Acide cérotique, $C^{27}H^{54}O^2$, à l'état de liberté.

Acide mélissique, $C^{30}H^{60}O^2$ ou $C^{31}H^{62}O^2$, à l'état de liberté.

Acide palmitique, $C^{16}H^{32}O^2$, combiné à l'alcool mélissique.

Acides de la série oléique, en partie à l'état de liberté, en partie combinés aux alcools.

PRODUITS NEUTRES

Alcool mélissique, $C^{30}H^{62}O$ ou $C^{31}H^{64}O$; combiné à l'acide palmitique.

Alcool cérylique, $C^{27}H^{56}O$ ou $C^{26}H^{54}O$, combiné aux acides gras cérotique ou palmitique.

Alcool $C^{25}H^{52}O$ ou $C^{24}H^{50}O$, combiné aux acides gras.

Heptacosane normal, $C^{27}H^{56}$.

Hentriacontane normal, $C^{31}H^{64}$.

A part une coloration plus ou moins foncée et une odeur aromatique plus ou moins prononcée, les cires des abeilles de différentes provenances possèdent des propriétés physiques très voisines; leur point de fusion est toujours situé entre 62° et 64°, leur densité varie de 0,9625 à 0,9675. La cire n'est soluble qu'en partie dans l'alcool bouillant ; elle est entièrement soluble dans certains dissolvants, tels que : l'éther, l'éther de pétrole, le sulfure de carbone, le chloroforme, la benzine, l'essence de térébenthine, etc.

Telle est la composition chimique de la cire des abeilles, ainsi que ses principales propriétés et réactions, qu'il importait avant tout de connaître.

II

ANALYSE QUANTITATIVE
DE LA CIRE DES ABEILLES

Nous venons de donner la composition chimique de la cire des abeilles, telle qu'elle résulte des travaux les plus récents. Dans ces recherches, les auteurs se sont surtout préoccupés d'établir la nature des principes qui entrent dans sa composition, sans s'attacher à déterminer les proportions suivant lesquelles ils entrent dans le mélange qui constitue la cire.

Nous avons cherché à combler cette lacune.

Il était intéressant, indispensable d'ailleurs pour le but que nous poursuivions, d'avoir une analyse quantitative exacte de la cire des abeilles. Seulement, comme la composition du produit n'est pas parfaitement définie et peut varier avec les conditions de production, l'origine, etc., il fallait tenir compte de ces variations et établir, en même temps, par l'étude d'échantillons de différentes provenances, les limites entre lesquelles oscillent les résultats.

On verra, du reste, que les nombres, fournis par l'analyse d'un grand nombre d'échantillons, restent dans des limites assez rapprochées.

On conçoit tout le parti qu'on pourra tirer des nombres ainsi obtenus ; les proportions des différents principes contenus dans la cire des abeilles, établies une fois pour toutes sur des échantillons purs et authentiques, constitueront un ensemble de constantes tout à fait particulier au produit et qui pourra servir de base pour la recherche des falsifications dont cette matière est l'objet.

Pour atteindre complètement ce but, il fallait encore que les procédés de dosage fussent, autant que possible, simples, pratiques et basés sur des réactions faciles à produire, pour qu'ils puissent être appliqués d'une façon courante à l'essai des cires du commerce. C'est dans ce sens que nous avons voulu résoudre le problème.

Nous n'avons pas cherché, du reste, des procédés de dosage pour chaque corps en particulier, ce qui eut été extrêmement difficile, mais seulement des réactions permettant de doser en bloc chaque classe de corps, de composés possédant la même fonction chimique, tels que les acides appartenant à des séries différentes ou existant dans le produit sous divers états, libres ou combinés, tels que les alcools, les hydrocarbures, etc.

Avant nous, divers auteurs avaient donné des méthodes de ce genre, pour doser les acides libres et les acides combinés de la cire. Ils avaient établi ainsi deux nombres particuliers aux cires des abeilles ; seulement, ces résultats, variables dans certaines limites, qu'il n'est pas toujours possible d'établir exactement, et qui peuvent du reste être obtenus avec certains mélanges, nous ont paru insuffisants à eux seuls pour caractériser le produit.

Nous avons d'abord repris ces déterminations, puis nous avons cherché à doser d'autres composés de la cire, notamment les acides non saturés de la série oléique, les alcools gras, les hydrocarbures. C'est ainsi que nous donnons, dans la suite, une série de méthodes permettant de doser en bloc dans les cires :

Les acides libres;
Les acides combinés ;
Les acides de la série oléique;
Les alcools ;
Les hydrocarbures.

Pour que les résultats fournis par ces déterminations puissent être comparés entre eux, il faut évidemment opérer sur des produits obtenus de la même façon et séparés des impuretés qu'ils peuvent renfermer accidentellement, par suite d'une préparation défectueuse.

Il est bon, par exemple, de ne faire les dosages que sur des cires préalablement lavées à l'eau et séchées. La cire jaune renferme quelquefois, en effet, de petites quantités de produits solubles dans l'eau, des traces de miel, qui s'est acidifié à l'air, et généralement de 0,5 à 0,7 pour 100 d'eau.

Il faut, en outre, s'il y a lieu, filtrer le produit fondu ou le reprendre par un dissolvant approprié, le chloroforme, par exemple, pour séparer les matières étrangères, terreuses ou autres, qui la souillent.

§ I. — Dosage des acides libres

Les acides libres de la cire des abeilles, formés principalement d'acide cérotique, sont solubles dans l'alcool et constituent le produit désigné autrefois sous le nom de cérine.

Ce dosage paraît donc ne devoir présenter aucune difficulté. Les acides libres étant les seuls produits de la cire solubles dans l'alcool, il suffirait d'épuiser la cire à l'alcool bouillant et de déterminer la proportion de matière enlevée par ce dissolvant; cependant ce mode opératoire présente certaines causes d'erreur; ainsi, suivant qu'on prolonge plus ou moins les épuisements à l'alcool chaud, on obtient des résultats différents, la myricine n'étant pas tout à fait insoluble, mais seulement très peu soluble dans l'alcool.

Les nombres donnés par les auteurs qui se sont occupés de cette question sont d'ailleurs très différents.

Suivant John, Buchholz et Brandes, Hess (1), la cérine formerait environ 90 pour 100 du poids de la cire et seulement 70 pour 100, d'après Boudet et Boissenot. Brodie a trouvé 22 pour 100 d'acide cérotique dans la cire du comté de Surrey, en Angleterre, et, d'après lui, la cire de Ceylan est entièrement exempte de cet acide. Schwalb a trouvé plus tard 5,20 pour 100 seulement d'acide cérotique dans la cire des abeilles.

Il est clair, comme nous l'avons fait ressortir plus haut, que les proportions peuvent varier dans certaines limites avec l'échantillon considéré, l'origine du produit, etc., mais on verra que les écarts sont loin d'être aussi grands que le faisaient prévoir ces premières déterminations, faites par des méthodes inexactes.

On arrive plus simplement à un résultat très précis en dosant les acides libres au moyen d'une liqueur alcaline titrée.

Hübl (2), le premier, a proposé pour cela le mode opératoire suivant : on prend 3 à 4 grammes de cire et 20 centimètres cubes d'alcool à 95°, pur et neutre ; on chauffe jusqu'à fusion de la cire, en agitant fortement, de façon à dissoudre les acides libres ; on ajoute ensuite quelques gouttes d'une solution alcoolique de phtaléine du phénol, puis, goutte à goutte, en agitant, une solution titrée de potasse ou de soude caustique, jusqu'à ce que la liqueur vire au rouge. Du volume de liqueur alcaline employé, on déduit la teneur en acides libres de la cire.

Hübl donne le résultat en milligrammes d'hydrate de potassium, KHO, pour 1 gramme de cire. Mais, bien qu'il y ait dans la cire, à côté de l'acide cérotique, d'autres acides libres

(1) Annalen der Chemie und Pharmacie, t. 27, p. 3.
(2) Dingler's polytechnisches Journal, t. 249, p. 338.

en petites quantités, on peut convenir de calculer l'acidité en acide cérotique. C'est ce qu'a fait Hehner (1) et, pour cela, il suffit de multiplier le résultat, exprimé en milligrammes de KHO, par le coefficient 7,308 ; 1 milligramme de KHO correspond, en effet, à 7 milligrammes 308 d'acide cérotique.

En opérant comme il vient d'être dit sur une vingtaine d'échantillons de cire jaune, Hübl a constaté que 1 gramme de cire exigeait de 19 à 21 milligr. de KHO pour saturer les acides libres qu'il renferme, ce qui correspond à une teneur de 13,88 à 15,34 pour 100 en acide cérotique. Ces nombres sont d'accord avec les résultats obtenus par d'autres auteurs, notamment par Hehner ; celui-ci a trouvé, sur divers échantillons d'origine anglaise, que la cire jaune renfermait de 13,22 à 15,71 pour 100 de son poids d'acide cérotique.

Nous avons fait cette détermination sur de nombreux échantillons de cires françaises, récoltées en différents points du pays, dans le Nord, la Somme, l'Ille-et-Vilaine, la Seine-inférieure, l'Orne, le Loiret, la Savoie, la Drôme et le Var.

Pour cela, 2 à 3 grammes de l'échantillon, lavé à l'eau et séché, sont introduits dans une fiole avec 100 centimètres cubes d'alcool pur et quelques gouttes d'une solution alcoolique de phtaléine du phénol ; on chauffe au bain-marie, on agite et on laisse tomber goutte à goutte, d'une burette, une solution aqueuse de soude caustique au 1/20 (2), jusqu'à ce que la liqueur vire au rouge.

Il faut noter la fin de l'opération quand la teinte persiste un instant ; en chauffant, en effet, elle ne tarde pas à disparaître, mais alors il y a saponification des éthers de la cire.

(1) The Analyst, 1883, p. 16, et Dingler's polytechnisches Journal, t. 251, p. 168.
(2) 10 centimètres cubes de cette liqueur saturent 0 gr. 5 SO⁴H², c'est-à-dire que 1 centimètre cube correspond à 0 gr. 05724 KHO et à 0 gr. 41836 d'acide cérotique.

· Exemple : 3 gr. 104 d'un échantillon de cire jaune d'abeilles ont exigé 1 cent. cube 1 de soude au 1/20, ce qui correspond à 20 milligr. 30 de KHO pour 1 gr. de cire, ou à 14,84 d'acide cérotique pour 100 de cire.

Voici quelques-uns des résultats obtenus :

	Acides libres calculés en milligr. de KHO pour 1 gr. de cire	Acides libres calculés en acide cérotique pour 100 de cire	Observations
1	19,02	13,90	Cire très colorée.
2	19,48	14,24	Id.
3	20,50	15,01	Id.
4	20,59	15,05	Id.
5	19,56	14,30	Cire peu colorée.
6	20,10	14,69	Id.
7	20,50	15,01	Id.
8	19,50	14,17	Id.
9	20,17	14,74	Cire très peu col.
10	20,25	14,79	Cire peu colorée.
11	18,92	13,55	Cire très colorée.

Ces résultats, rapprochés des précédents, et qui portent sur de nombreux échantillons, montrent que la teneur en acides libres des cires jaunes d'abeilles est à peu près constante ; elle ne varie, en tous cas, que dans des limites peu étendues, environ de 13,5 à 15,5 pour 100, les acides étant évalués en acide cérotique.

On peut donc admettre comme limites extrêmes pour les cires jaunes une acidité correspondant à 19—21 milligrammes de KHO pour 1 gramme de cire ou à 13,5—15,5 pour 100 d'acide cérotique, soit une moyenne de 20 milligrammes de KHO pour 1 gramme de cire ou 14,60 pour 100 d'acide cérotique.

Il est bien entendu que ces nombres sont ceux qu'on obtient avec des cires jaunes préalablement lavées à l'eau, les cires brutes renfermant plus ou moins d'acides solubles dans l'eau, provenant de l'acidification à l'air d'une trace de miel qu'elles retiennent. Au lavage, elles perdent, en effet, une quantité très notable d'acide ; cette perte peut atteindre une proportion correspondant à 2 milligrammes de KHO pour 1 gramme de cire.

Les cires jaunes les plus colorées sont toujours les moins riches en acides libres. En vieillissant, elles se décolorent peu à peu par l'action de l'air et de la lumière, et leur teneur en acides libres augmente progressivement. Dans ces conditions, en effet, pendant que la matière colorante disparaît par une combustion totale, certains principes de la cire s'oxydent en donnant une petite quantité d'acides libres.

§ II. — Dosage de la totalité des acides et des acides combinés.

Les méthodes employées pour doser la totalité des acides contenus dans la cire sont basées sur la réaction suivante : si on traite la cire à chaud par une solution alcoolique de potasse en excès, on sature d'abord les acides libres, puis on saponifie les éthers, c'est-à-dire que la totalité des acides gras passe à l'état de sels alcalins, tandis que les alcools sont mis en liberté.

Il résulte d'expériences, faites à ce sujet, que les éthers de la cire sont complètement saponifiés par la potasse alcoolique, après quelques heures d'ébullition.

Une première méthode de dosage est la suivante :

On traite un poids donné de cire par un excès de potasse alcoolique à l'ébullition dans l'appareil à reflux ; la saponification terminée, on chasse l'alcool, on reprend le savon par l'eau et on le décompose par l'acide sulfurique; la matière grasse qui se sépare fond de 66° à 67°,5 et renferme, à l'état de liberté, tous les acides de la cire, qui sont insolubles dans l'eau; ce produit est lavé à l'eau chaude pour éliminer l'excès d'acide sulfurique, puis dissous dans l'alcool et titré, comme précédemment, par une liqueur normale de soude, en présence de phtaléine du phénol. Si on déduit du titre ainsi trouvé, qui représente la totalité des acides, celui des acides libres, établi plus haut, on a le titre des acides qui existent dans la cire à l'état de combinaison.

Le mode opératoire suivant, recommandé par Becker (1) et appliqué d'abord par Kottstorfer à l'analyse du beurre, est préférable et plus expéditif.

Dans l'action de la potasse sur la cire, une partie de l'alcali est saturée par les acides de la cire, acides existant dans le produit à l'état de liberté et acides qui s'y trouvaient combinés aux alcools, sous forme d'éthers. Si donc on détermine, par un titrage, la quantité d'alcali saturé dans l'opération, on pourra en déduire la teneur de la cire en acides gras.

On prend, d'après l'auteur, 2 à 4 grammes de cire, 20 centimètres cubes d'alcool, 20 centimètres cubes d'une solution alcoolique titrée de potasse et on chauffe au bain-marie, dans un appareil à reflux, pendant deux heures. Au bout de ce temps, la saponification est terminée et on titre l'alcali en excès au moyen d'une solution alcoolique d'acide chlorhydrique titrée, en présence de phtaléine du phénol. Les liqueurs de potasse et d'acide chlorhydrique sont demi normales. On dose ainsi la totalité des acides gras de la cire.

On peut, du reste, comme l'a proposé Hehner, faire cette détermination sur le poids de matière qui a servi à doser les acides libres; après avoir titré les acides libres, on ajoute un excès

____

(1) Dingler's polytechnisches Journal, t. 234, p. 79.

connu de la solution alcoolique de potasse, on chauffe pendant
deux heures dans l'appareil à reflux et on établit la quantité
d'alcali resté libre par la solution titrée d'acide chlorhydrique.

Becker a trouvé ainsi qu'il fallait, pour neutraliser la totalité
des acides contenus dans 1 gramme de cire jaune, de 97 à 107
milligrammes de KHO.

Hübl, en opérant de la même façon sur des cires préparées
au laboratoire et parfaitement lavées, a trouvé des nombres un
peu plus faibles, de 92 à 97 milligr. de KHO pour 1 gramme
de cire; pour lui, cette différence est due à ce que Becker
opérait sur des cires imparfaitement lavées.

Si, de ce titre, on retranche le nombre représentant le titre
des acides libres (de 19 à 21 milligr. de KHO pour 1 gramme
de cire), on a un nombre qui représente le titre des acides combinés,
c'est-à-dire de ceux existant sous forme d'éthers dans la cire.

Hübl arrive ainsi à des nombres variant de 73 à 76 milligrammes de KHO pour 1 gramme de cire.

Cet auteur prend en outre le rapport des deux nombres ainsi
trouvés, celui qui représente les acides libres et celui qui réprésente
les acides combinés, calculés tous deux en milligrammes de KHO;
lorsqu'on a affaire à de la cire jaune pure, ce rapport doit
être de 1 : 3,6 à 1 : 3,8.

Il admet comme nombres moyens, pour 1 gramme de cire,
20 milligrammes de KHO pour les acides libres et 75 milligrammes de KHO pour les acides combinés, soit, au total, 95
milligrammes de KHO et 3,75 pour le rapport des deux titres.

Si la cire des abeilles ne contenait que de l'acide cérotique
et du palmitate de myricyle, on devrait avoir pour le titre total,
après saponification, de 90 à 91 milligrammes de KHO pour 1
gramme de cire; mais, la cire renfermant en petites quantités
d'autres composés, les résultats s'écartent un peu de ce nombre.
Les cires fort colorées ont souvent un titre assez faible, qui

correspond environ à 93 milligrammes de KHO, comparativement aux cires peu colorées, dont le titre est plus élevé.

Néanmoins le rapport du titre des acides libres à celui des acides combinés reste toujours dans les limites indiquées plus haut.

Hehner traduit le résultat du titre des acides libres en acide cérotique et le titre des acides combinés en palmitate de myricyle, ce qui est sensiblement vrai. 1 milligramme de KHO correspond à 7 milligr. 308 d'acide cérotique et saponifie 12 milligr. 05 de palmitate de myricyle. 1 centimètre cube de la liqueur alcaline au 1/20 (10 centimètres cubes = 0 gr. 5 SO^4H^2) neutralise 0 gr. 418 d'acide cérotique et décompose 0 gr. 676 de palmitate de myricyle.

Les résultats obtenus par Hehner, sur un certain nombre d'échantillons de cires anglaises, sont résumés dans le tableau ci-contre.

Cires anglaises	Acide cérotique º/₀ de cire	Palmitate de myricyle º/₀ de cire	Total
Hertfordshire	14,35	88,55	102,90
Id	14,86	85,95	100,81
Surrey	13,22	86,02	99,24
Lincolnshire	13,56	88,16	101,72
Buckingham	14,64	87,10	101,74
Hertfordshire	15,02	88,83	103,85
New-Forest	14,92	89,87	104,79
Lincolnshire	15,49	92,08	107,57
Buckingham	15,71	89,02	104,73
8 échantillons de cires prises sur le marché.	13,12 à 15,91	86,73 à 89,58	99,85 à 105,49

Bien que la cire des abeilles renferme en petite quantité d'autres composés que l'acide cérotique et le palmitate de myricyle, on arrive souvent, comme le montre le tableau précédent, en faisant la somme de ces deux produits, à un total très voisin de 100.

Si, pour les comparer aux résultats de Hehner, on ramène par le calcul, au moyen des coefficients indiqués plus haut, les résultats obtenus par Hübl, donnés en milligrammes de KHO, respectivement en acide cérotique et palmitate de myricyle, on trouve que la cire renfermerait, d'après cet auteur, de 13,80 à 15,34 d'acide cérotique et de 87,96 à 91,58 de palmitate de myricyle, nombres qui concordent avec ceux obtenus par Hehner.

Nous avons fait la même détermination sur un certain nombre d'échantillons de cires jaunes françaises, ceux dont nous avons donné plus haut la teneur en acides libres.

Il faut, pour faire cette opération, deux liqueurs titrées : une solution alcoolique de potasse et une solution alcoolique d'acide chlorhydrique.

La première s'obtient en dissolvant à chaud de la potasse pure en plaques, non carbonatée, dans de l'alcool à 95° et diluant la solution avec de l'alcool, de façon que 10 centimètres cubes de la liqueur saturent environ 0 gr. 5 de SO^4H^2. On la titre au moyen d'une liqueur normale d'acide sulfurique.

La seconde se prépare en faisant arriver du gaz chlorhydrique dans de l'alcool à 95° et étendant la solution avec de l'alcool, de façon qu'elle sature exactement la liqueur alcaline précédente. Celle-ci sert, du reste, à titrer la solution chlorhydrique.

Il n'est pas absolument nécessaire cependant que les deux liqueurs de potasse et d'acide chlorhydrique se saturent exactement ; il suffit, pour la bonne marche de l'opération, qu'elles soient à peu près à ce degré de concentration, et on évalue leurs titres en hydrate de potassium (KHO). Dans ce cas, on établit, par un calcul très simple, le rapport des titres des deux liqueurs.

Le titre de ces liqueurs doit être pris avec soin avant chaque série de déterminations, au moyen d'une liqueur normale d'acide sulfurique bien faite ; de là dépend la précision de la méthode et c'est la partie délicate de l'opération.

Il faut toujours employer des liqueurs fraîches, car la solution alcoolique de potasse s'altère, brunit au bout d'un certain temps et la solution chlorhydrique baisse lentement de titre, une partie de l'acide passant à l'état d'éther éthylchlorhydrique.

Hehner évite ce dernier inconvénient en remplaçant la solution alcoolique d'acide chlorhydrique par une solution aqueuse titrée d'acide sulfurique, plus facile à préparer et qui donne le même résultat.

Dans la préparation de la liqueur de potasse il y a certaines précautions à prendre. La dissolution de la potasse dans l'alcool étant faite à chaud, il faut, avant de filtrer et de titrer, laisser refroidir et déposer la liqueur au moins pendant 24 heures, à l'abri de l'air et dans un flacon bouché ; sinon elle dépose par la suite et son titre diminue d'autant.

Il faut, en outre, tenir cette liqueur en flacon bien bouché et ne pas la laisser au contact de l'air, où elle se carbonaterait lentement ; on sait, en effet, que le témoin employé pour le titrage, la phtaléine du phénol, vire quand l'alcali caustique est saturé et n'indique pas l'alcali carbonaté ; de sorte que, si la liqueur est partiellement carbonatée, les résultats sont complètement faussés. Il faut, pour la même raison, ajouter à la matière, additionnée d'alcool, le volume nécessaire de liqueur de potasse immédiatement avant l'opération et titrer aussitôt la saponification terminée. Nous avons constaté, en effet, que, si on laissait le produit de la réaction quelque temps au contact de l'air avant de faire le titrage, on pouvait commettre de fortes erreurs.

L'opération est conduite de la façon suivante :

On pèse 3 grammes environ de la cire à essayer, lavée et séchée, qu'on introduit dans un ballon, avec 10 centimètres cubes de liqueur alcaline et 100 cent. cubes d'alcool à 95°, pur et neutre. Le ballon est mis en communication avec un petit serpentin à reflux et on chauffe le liquide à l'ébullition, en agitant de temps en temps. La cire fond et se dissout peu à peu. Lorsque la réaction est terminée, elle est complètement dissoute, car les produits qui prennent naissance, les savons, les alcools gras, etc., sont solubles dans l'alcool bouillant. On est donc ainsi averti de la fin de l'opération ; il faut, pour cela, une heure environ d'ébullition.

Il est nécessaire d'employer environ 100 centimètres cubes d'alcool pour 3 grammes de cire. L'agitation, en divisant la cire fondue dans l'alcool, facilite la réaction ; c'est pourquoi il est préférable de chauffer avec une petite lampe, à feu nu ; on entretient ainsi dans la masse une agitation plus active que si l'on chauffait au bain-marie.

L'opération terminée, on procède immédiatement au titrage ; pour cela, on ajoute au liquide quelques gouttes d'une solution alcoolique de phtaléine du phénol, qui lui communique une teinte rouge, et on dose l'alcali, restant à l'état de liberté, en versant goutte à goutte d'une burette la solution d'acide chlorhydrique, jusqu'à ce que la coloration rouge disparaisse ; pendant le dosage on chauffe de temps en temps le ballon au bain-marie, de façon à maintenir le tout en dissolution ; par refroidissement, la liqueur se prend, en effet, en une masse solide comme de l'empois.

Le titrage se fait sans difficulté et la fin s'observe très bien, le liquide passant nettement du rouge au jaune, teinte due à la matière colorante de la cire. On en déduit, par un calcul très simple, la quantité d'acide que renferme le produit, connaissant le titre exact des deux liqueurs, le volume de chacune d'elles qu'il a fallu employer, et le poids de matière sur lequel on a opéré.

Voici, du reste, comme exemple, les résultats d'une opération :

3 gr. 020 de cire sont saponifiés par 10 centimètres cubes d'une liqueur de potasse, qui contiennent 0 gr. 527 de KHO. La réaction terminée, il a fallu 3 cc. 07 de la liqueur d'acide chlorhydrique (dont 10 cc. correspondent à 0 gr. 789 KHO) pour neutraliser la solution :

10 cc. de liqueur de potasse contiennent . .	0 gr. 527 KHO
3 cc. 07 de liqueur HCl correspondent à .	0 gr. 242 KHO
L'alcali saturé par les acides de la cire correspond donc à	0 gr. 285 KHO

On en déduit que 1 gramme de cire renferme une quantité d'acides gras équivalente à 94 milligr. 37 de KHO.

Si de cette quantité on déduit les acides libres de la cire, dosés plus haut et évalués en KHO, on a, également en hydrate de potassium, le titre des acides existant à l'état d'éthers gras. On peut alors calculer le résultat en myricine, comme le fait Hehner, ou encore en acide palmitique comme nous le proposons ; c'est, en effet, principalement l'acide palmitique qui, dans la cire, est combiné à l'alcool mélissique pour former la myricine.

Pour ces calculs on prend les coefficients suivants :

1 partie de KHO correspond à... 12,0499 de myricine ;

1 partie de KHO   »   »... 4,563   d'acide palmitique.

On peut faire les deux déterminations, le dosage des acides libres et le dosage des acides combinés, sur le même poids de matière. On pèse, pour cela, 3 gr. de cire environ, que l'on introduit dans un ballon, avec 100 centimètres cubes d'alcool et quelques gouttes d'une solution de phtaléine du phénol puis on chauffe à l'ébullition. On verse goutte à goutte d'une burette de la liqueur alcoolique de potasse, jusqu'à ce que la solution vire au rouge ; on note le volume de liqueur employé, et on en déduit la teneur en acides libres. On laisse ensuite couler de la burette dans le ballon de la liqueur alcaline jusqu'à 10 centimètres cubes ; on fait bouillir, comme précédemment, pour saponifier, puis on titre l'excès d'alcali par la liqueur chlorhydrique. On a ainsi rapidement les deux résultats.

Il est indispensable de prendre dans la préparation des liqueurs, toutes les précautions sur lesquelles nous avons insisté plus haut et d'apporter tous les soins nécessaires à ce titrage, qui est le plus délicat de ceux que comprend cette méthode d'analyse de la cire ; les pipettes doivent être jaugées avec le plus grand soin, les burettes doivent être divisées au 1/20 de cent. cube et il faut, autant que possible, opérer toujours à la même température.

Il faut encore que les éthers de la cire soient entièrement décomposés et que les acides soient en totalité combinés à l'alcali. Si la saponification était incomplète, les résultats seraient évidemment tout différents. Dans nos opérations, nous nous sommes assurés que la cire était complètement saponifiée ; pour cela, nous avons fait quelques expériences en chauffant le produit avec la solution alcoolique de potasse en tube scellé à 140° ; les résultats obtenus dans ces conditions concordent parfaitement avec ceux que fournit la cire saponifiée à l'ébullition par la solution alcoolique de potasse.

Il faut enfin s'assurer, par une expérience à blanc, que le verre des ballons dans lesquels on fait la saponification n'est pas attaqué notablement par l'alcali, ce qui amènerait une nouvelle cause d'erreurs.

Toutes ces précautions minutieuses pourront paraître superflues ; elles sont cependant nécessaires, l'expérience nous l'a démontré ; si on néglige de les observer, les résultats peuvent s'écarter considérablement des nombres réels.

Cette détermination de la totalité des acides de la cire est celle dont les résultats varient dans les limites les plus étendues ; cela tient probablement, en partie, aux erreurs d'expériences qu'on est exposé à commettre dans cette opération délicate.

On peut éviter la plupart de ces inconvénients, en remplaçant, dans le dosage de la totalité des acides, les solutions alcooliques de potasse et d'acide chlorhydrique par des solutions aqueuses faites au même titre. La petite quantité d'eau, ainsi introduite, n'étend que très faiblement l'alcool en contact avec la cire et ne peut gêner en rien les réactions.

Pour le dosage de la totalité des acides gras de la cire, nous recommandons donc le procédé suivant :

On pèse environ 3 gr. de matière, on y ajoute 100 cc. d'alcool absolu, puis 5cc, par exemple, d'une solution aqueuse titrée de potasse. On chauffe, pour saponifier la cire, puis on dose l'alcali resté libre, par une solution aqueuse titrée d'acide sulfurique au $\frac{1}{50}$ environ.

Ce mode opératoire rend le dosage beaucoup plus commode et présente, en outre, l'avantage de supprimer quelques unes des causes d'erreurs que nous avons signalées.

Voici maintenant les résultats de nos déterminations. Pour faciliter la comparaison avec les résultats de Becker, Hübl et Hehner, nous évaluons les acides libres en milligrammes de KHO pour 1 gramme de cire et en acide cérotique pour 100 de cire ; les acides combinés sont calculés en milligrammes de KHO pour 1 gramme de cire, en myricine et aussi en acide palmitique pour 100 de cire. Au moyen de cette dernière donnée, nous pourrons prendre le rapport des acides combinés aux alcools et, comme vérification, comparer le nombre trouvé au rapport théorique. Nous donnerons, en effet, plus loin, un procédé de dosage de l'alcool mélissique.

Les résultats, ainsi exprimés, sont réunis dans le tableau suivant :

	ACIDES LIBRES		Totalité des acides en milligr. de KHO pour 1 gr. de cire	ACIDES COMBINÉS			Rapport des acides libres aux acides combinés	Total de l'acide cérotique et de la myricine	OBSERVATIONS
	en milligr. de KHO pour 1 gr. de cire	en acide cérotique pour 100 de cire		en milligr. de KHO pour 1 gr. de cire	en myricine pour 100 de cire	en acide palmitique pour 100 de cire			
I	19,02	13,90	91,20	72,18	86,97	32,93	3,77	100,87	Cire très colorée.
2	19,48	14,24	91,70	72,22	87,02	32,95	3,70	101,26	Id.
3	20,50	15,01	93,60	73,10	88,08	33,35	3,56	103,09	Id.
4	20,59	15,05	92,80	72,21	87,01	32,94	3,55	102,06	Id.
5	19,56	14,30	94,30	74,74	90,06	34,10	3,80	104,36	Cire peu colorée.
6	20,10	14,69	94,70	74,60	89,89	34,03	3,71	104,58	Id.
7	20,50	15,01	92,10	71,60	86,27	32,67	3,49	101,28	Id.
8	19,50	14,17	95,06	75,56	91,05	34,47	3,87	105,22	Id.
9	20,17	14,74	93,49	73,32	88,34	33,55	3,63	103,08	Cire très peu colorée.
10	20,25	14,79	91,61	71,36	85,98	32,56	3,52	100,77	Cire peu colorée.
11	18,92	13,55	92,14	73,22	88,22	33,41	3,87	101,77	Cire très colorée.

Ces résultats concordent avec ceux de Hübl et Hehner ; cependant la moyenne de nos nombres est un peu inférieure à celle indiquée par ces auteurs ; nous avons, en effet, trouvé quelques échantillons dont la totalité des acides correspondait à environ 91 milligr. de KHO pour 1 gramme de cire, tandis qu'ils donnent comme limite inférieure le nombre 92 ; d'un autre côté, nous n'en avons pas rencontré renfermant une quantité d'acides gras correspondant à un nombre supérieur à 95 milligr. de KHO pour 1 gr. de cire ; ils donnent, comme limite supérieure, 97 milligr. La plupart des échantillons, examinés par nous, contenaient une quantité d'acides gras correspondant à 92-95 milligr. de KHO pour 1 gramme de cire. Le rapport des deux nombres, représentant les acides libres et les acides combinés, s'écarte aussi un peu de celui indiqué par Hübl ; il oscille entre 3,5 et 3,9 environ.

Les cires les moins riches en acides gras sont toujours celles qui sont les plus colorées et, à mesure que la teinte pâlit, on remarque que la teneur en acides gras s'élève.

Nous adoptons comme limites les nombres extrêmes qui ont été trouvés par les différents auteurs et nous résumons, dans le tableau suivant, ces limites entre lesquelles peuvent varier les quantités d'acides libres et d'acides combinés, dans les cires jaunes d'abeilles pures, lavées et séchées.

Acides libres et acides combinés de la cire des abeilles

ACIDES LIBRES		Totalité des acides	ACIDES COMBINÉS			Rapport des
en milligr. de KHO pour 1 gramme de cire	en acide cérotique pour 100 de cire	en milligr. de KHO pour 1 gramme de cire	en milligr. de KHO pour 1 gramme de cire	en myricine pour 100 de cire	en acide palmitique pour 100 de cire	acides libres aux acides combinés
19 à 21	13,5 à 15,5	91 à 97	71 à 76	85,55 à 91,58	32,39 à 34,67	3,5 à 3,9

On établit donc ainsi deux données importantes, particulières à la cire des abeilles, et bien plus caractéristiques que celles considérées jusqu'à présent, densité du produit, point de fusion, etc.

Cependant, il n'en est pas moins vrai que, vu les limites entre lesquelles peuvent osciller les résultats, il n'est pas possible de conclure de ces deux déterminations à la pureté parfaite de la cire.

Elle pourrait, en effet, renfermer jusqu'à 10 pour 100 environ de matières étrangères, et cependant donner des résultats restant dans les limites indiquées. Du reste, certains mélanges, tout différents de la cire, fournissent les mêmes nombres.

C'est ainsi que nous avons été conduits à chercher d'autres données, qui, jointes à celles-ci, puissent rendre la méthode plus précise.

§ III. — Dosage des acides non saturés — Titre d'iode

La cire renferme de l'acide oléique et d'autres acides non saturés de la même série. Pour les doser, nous avons appliqué aux cires la méthode de Hübl (1), basée sur la quantité d'iode que peut fixer l'acide oléique. Cet acide et ses homologues, qui répondent à la formule générale $C^n H^{2n-2} O^2$, peuvent absorber une molécule d'iode I^2, pour donner des acides appartenant au type saturé $C^n H^{2n} O^2$, 100 grammes d'acide oléique fixent ainsi 90 gr. 07 d'iode.

Ces acides ne sont pas les seuls composés non saturés de la cire ; on verra plus loin, en effet, que, dans le mélange des hydrocarbures de la cire, on trouve une certaine quantité de carbures non saturés, capables d'absorber de l'iode, mais dont on peut tenir compte pour le calcul des acides de la série oléique.

Du reste, en admettant même que d'autres principes puissent également fixer de l'iode, il n'en est pas moins vrai que l'on

(1) Dingler's polytechnisches Journal, t. 253, p. 281.

obtiendra, en déterminant la proportion d'iode absorbé par un poids connu de la matière, une donnée nouvelle, particulière à la cire des abeilles, le titre d'iode.

Le dosage se fait encore au moyen de liqueurs titrées, ainsi préparées :

On fait dissoudre, d'une part, 25 grammes d'iode, récemment sublimé, dans 500 centimètres cubes d'alcool à 95°, et, d'autre part, 30 grammes de chlorure mercurique dans 500 centimètres cubes d'alcool ; on filtre cette dernière solution, si c'est nécessaire, et on mélange les deux liqueurs, de façon à faire un litre. On établit ensuite le titre exact de cette liqueur d'iode au moyen d'une solution titrée d'hyposulfite de soude pur, obtenue en faisant dissoudre 24 gr. 8 de ce sel dans un litre d'eau distillée (248 grammes d'hyposulfite équivalent à 127 grammes d'iode) ; 1 centimètre cube de cette liqueur d'hyposulfite correspond donc à 0 gr. 0127 d'iode.

L'opération est très simple et on la conduit de la façon suivante :

On fait agir sur un poids donné de cire, dissoute dans le chloroforme, un volume connu de cette liqueur d'iode, employée en excès et, la réaction terminée, on détermine la quantité d'iode resté libre au moyen de la liqueur d'hyposulfite.

On pèse 1 à 2 grammes de cire qu'on introduit dans un flacon, bouché à l'émeri, de 250 centimètres cubes, avec 25 centimètres cubes de chloroforme pur. On chauffe le flacon au bain-marie pour faciliter la dissolution de la cire, puis on laisse refroidir. On ajoute alors 10 centimètres cubes de la liqueur titrée d'iode, on agite et on laisse en contact au moins pendant six heures ; au bout de ce temps, la réaction est terminée et le mélange doit encore être coloré en rouge, ce qui indique la présence d'un excès de réactif. On dose alors l'iode resté libre.

Pour cela, on ajoute d'abord 10 centimètres cubes environ

d'une solution d'iodure de potassium à 10 pour cent, puis 150 centimètres cubes d'eau distillée et quelques gouttes d'empois d'amidon ; le liquide prend une teinte bleue violacée. On verse ensuite goutte à goutte, en agitant, de la liqueur d'hyposulfite, tenue dans une burette, jusqu'à ce que l'eau et le chloroforme soient complètement décolorés. On observe très nettement la fin de l'opération. On note le nombre de centimètres cubes de liqueur d'hyposulfite employé.

Voici les résultats d'un de ces dosages :

2 gr. o38 de cire jaune ont été mis en contact, dans les conditions indiquées, avec 10 centimètres cubes de liqueur d'iode et, après la réaction, il a fallu 3^{cc}, 8 de liqueur d'hyposulfite.

10 c.c. de liqueur d'iode contiennent. . . . . . o gr. 240 d'iode

3 c.c. 8 de liqueur d'hyposulfite correspondent à o gr. o48   »
____

Iode fixé. . . o gr. 192

On en déduit que 100 grammes de cire fixent 9,42 d'iode, ce qui correspond à 10,36 d'acide oléique pour cent.

Pour donner de bons résultats, ce dosage doit être fait avec certaines précautions.

Il faut d'abord que la matière soit en contact avec un excès notable de liqueur d'iode, ce qu'on reconnaît facilement à la teinte du liquide ; l'absorption de l'iode n'étant pas instantanée, il faut, en outre, que le contact soit suffisamment prolongé, au moins six heures ; il faut enfin faire tous les dosages dans les mêmes conditions, prendre les mêmes volumes de liquides, laisser le même temps en contact, etc.; c'est le seul moyen d'avoir des résultats constants et susceptibles d'être comparés entre eux.

En outre, il est nécessaire de s'assurer préalablement que le chloroforme et la solution d'iodure de potassium ne fixent pas d'iode, et de prendre, avant chaque série d'opérations, le titre de la liqueur d'iode, qui diminue progressivement.

Pour cela, à chaque série de dosages, on ajoute un flacon contenant 10 centimètres cubes de la liqueur d'iode et 50 cent. cubes du chloroforme employés ; on laisse en contact également pendant six heures, puis on ajoute 100 cent. cubes d'eau, 10 cent. cubes de la solution d'iodure de potassium et on titre à la façon ordinaire par la liqueur d'hyposulfite. On en déduit le titre exact de la liqueur d'iode, qu'on prend pour base dans le calcul des dosages faits en même temps.

Voici maintenant les résultats de cette détermination sur un certain nombre de cires jaunes. Nous donnons, pour chaque échantillon, la quantité d'iode fixé par 100 parties de cire et nous calculons en acide oléique les acides non saturés qui correspondent à ce poids d'iode.

On verra plus loin la proportion d'iode absorbé par les hydrocarbures non saturés et qu'il faudrait déduire de ces nombres pour avoir la quantité exacte d'acide oléique.

	Iode fixé pour 100 de cire	Acide oléique pour 100 de cire	Observations
1	10,20	11,22	Cire très colorée.
2	11,01	12,11	id.
3	9,42	10,36	—
4	9,14	10,05	—
5	9,25	10,17	Cire peu colorée.
6	8,28	9,10	id.
7	11,01	12,11	id.
8	11,23	12,35	id.
9	10,87	11,95	Cire très peu colorée.
10	9,66	10,62	Cire peu colorée.
11	9,97	10,96	Cire très colorée.

Le tableau précédent montre que cette détermination fournit des résultats assez constants ; les cires jaunes fixent de 8,2 à 11 pour 100 d'iode, c'est-à-dire qu'elles renferment, calculés en acide oléique, de 9 à 12 pour 100 environ d'acides non saturés ; l'écart entre les différents échantillons ne dépasse pas 3 pour 100.

Ce sont, du reste, généralement les cires les plus colorées, les plus onctueuses, qui possèdent le titre d'iode le plus élevé et qui paraissent, par conséquent, les plus riches en acides de la série oléique.

§ IV. — Dosage des alcools

On a vu que la cire des abeilles renfermait des alcools, combinés avec les acides gras, sous forme d'éthers. Ce sont des alcools monoatomiques saturés, appartenant à la série $C^nH^{2n+2}O$ et particulièrement les termes les plus élévés de cette série, notamment les alcools mélissique, cérylique, etc. ; le palmitate de myricyle est, en effet, le principe immédiat qui prédomine dans la cire des abeilles ; on y trouve aussi en petite quantité des éthers d'alcools voisins.

La cire ne contient pas d'alcools appartenant à d'autres séries ; ainsi, on n'y trouve pas de glycérine, qu'on rencontre dans la plupart des corps gras ; on n'y trouve pas non plus de cholestérine, autre alcool contenu dans certaines graisses.

Les alcools de la cire étant tous de la même série et possédant par conséquent les mêmes propriétés chimiques, nous avons cherché à les doser en bloc en les soumettant à une réaction qui leur fût commune et qui puisse être facilement mesurée.

R. Benedikt (1) a indiqué un procédé de dosage des oxyacides, basé sur la formation de leurs dérivés acétylés. Ces acides, en effet, peuvent fixer une molécule d'acide acétique en donnant un dérivé acétylé, par éthérification de l'oxhydrile alcoolique qu'ils renferment.

Cette méthode peut être appliquée au dosage des alcools et

(1) Zeitschrift für die chemische Industrie, t. 1, p. 149.—

aux mélanges d'oxyacides et d'alcools. En traitant de tels mélanges par l'anhydride acétique, dans les conditions qu'indique l'auteur, on éthérifie tous les oxhydriles alcooliques, quelle que soit la molécule dans laquelle ils sont fixés. Comme la cire ne paraît pas contenir normalement d'oxyacides, on peut déduire du résultat la proportion d'alcools qu'elle renferme.

Benedikt saponifie la cire par la potasse alcoolique, décompose le savon par l'acide chlorhydrique et obtient ainsi les acides gras et les alcools de la cire. Il traite un poids donné de ce mélange par l'anhydride acétique, à l'appareil à reflux pendant deux heures. Le produit de la réaction est lavé à l'eau, puis on établit, par un titrage au moyen d'une liqueur alcaline, la quantité d'acides libres qu'il renferme ; sur une autre portion, on détermine ensuite la quantité de potasse nécessaire pour saturer les acides et saponifier les éthers, contenus dans 1 gramme de la matière.

La différence entre ces deux titres donne un poids de potasse correspondant à la quantité d'acide acétique fixé sur les alcools dans l'opération.

Benedikt a obtenu ainsi, sur un échantillon de cire jaune, 78,3 pour les acides libres et 154 pour les acides après saponification, soit 75,7 pour l'acide acétique fixé, évalué en milligrammes d'hydrate de potassium (KHO) pour 1 gramme de cire.

Si on calcule le résultat en alcool mélissique, on trouve qu'il correspond à 59,10 de cet alcool pour 100 de cire, nombre qui ne s'éloigne pas trop de ceux que nous obtenons par la méthode décrite plus loin.

Ce procédé par l'anhydride acétique présente l'inconvénient d'être long et délicat et nous lui préférons le mode de dosage suivant, qui repose sur une réaction importante des alcools gras, découverte par Dumas et Stas (1), celle qu'ils donnent lorsqu'on les chauffe

(1) Annales de Chimie et de Physique, 1840, t. 73, p. 113.

à une température modérée avec l'hydrate de potassium. Dans ces conditions, la potasse caustique agit sur ces alcools comme agent oxydant et les transforme en l'acide correspondant; il y a en même temps dégagement d'hydrogène. La réaction a lieu suivant l'équation:

$$C^n H^{2n+2} O + KHO = 4H + C^n H^{2n-1} O^2 K.$$

Pour l'éthal, elle est complète à 210°-220° et, pour les alcools supérieurs, tels que ceux des cires, il suffit d'atteindre la température de 250°. Au lieu de potasse solide, on emploie, comme l'ont indiqué Dumas et Stas, la chaux potassée.

La réaction peut être appliquée directement à la cire; la potasse n'agit, en effet, que sur les alcools qu'elle renferme, les autres principes, les acides gras, l'acide oléique, les hydrocarbures, etc., n'étant pas modifiés dans les conditions de l'opération. Seulement, lorsqu'on opère sur la cire, qui contient ces alcools, non pas à l'état de liberté mais sous forme de combinaisons avec les acides, le premier effet de l'alcali est de saponifier les éthers, en fixant les acides à l'état de sels ; la potasse, employée en grand excès, agit alors, comme il vient d'être indiqué, sur les alcools mis en liberté.

On peut mesurer la réaction de deux façons, ou bien en dosant la quantité d'acides gras qui a pris naissance dans l'opération, ou bien en recueillant et mesurant l'hydrogène qui se dégage.

Dans le premier cas, il suffira de prendre un poids donné de cire, 1 à 2 grammes, par exemple, de les mélanger intimement avec de la potasse et de la chaux potassée, comme nous l'indiquons plus loin, et de chauffer ce mélange, placé dans un matras, à la température de 250° pendant deux heures. Au bout de ce temps, la transformation des alcools en acides est complète. On traite alors le contenu du matras par de l'eau, additionnée d'acide chlorhydrique, de façon à dissoudre les bases, chaux et potasse, et mettre les acides gras en liberté.

On recueille avec soin la matière grasse qui se sépare et qui
fond à 70°-71°, on la lave à l'eau distillée chaude à plusieurs
reprises et on la sèche ; on la titre ensuite, en solution alcoolique,
par une liqueur de soude, en présence de phtaléine du
phénol. On obtient ainsi un nouveau titre dont on soustrait celui
représentant la totalité des acides existant dans la cire, déterminé précédemment ; la différence indique la quantité d'acide
formé par la transformation des alcools. Par le calcul, on établit à
quelle quantité d'alcool mélissique correspond ce titre. On peut,
en effet, convenir d'évaluer ainsi le résultat, l'alcool mélissique
formant la presque totalité du mélange des alcools.

Ce procédé, appliqué avec toutes les précautions sur lesquelles nous reviendrons, peut donner de bons résultats, seulement il est fort long. Le dosage se fait plus simplement
de la façon suivante.

On peut, en effet, mesurer la réaction par la quantité
d'hydrogène obtenu. Lorsque l'opération est bien conduite,
l'hydrogène est, comme l'ont montré Dumas et Stas, le
seul produit gazeux qui prenne naissance. En traitant donc
ainsi un poids connu de cire, dans un appareil qui permette de
recueillir et de mesurer le gaz qui se dégage, on aura une
nouvelle donnée, au moyen de laquelle on pourra calculer la
quantité d'alcool transformé. Cette manière d'opérer est beaucoup plus commode, plus simple, que la précédente et conduit
exactement au même résultat.

Désirant appliquer la réaction de cette façon, nous avons
d'abord cherché un moyen pratique pour la réaliser.

Après bien des tâtonnements, nous nous sommes arrêtés à
l'appareil suivant qui, selon nous, remplit toutes les conditions
désirables d'exactitude et de simplicité ; chauffage régulier et
uniforme, facile à régler, dispositif ne nécessitant aucune correction concernant l'air contenu dans l'appareil et permettant

de recueillir et de mesurer le gaz par une manœuvre très facile. Il est représenté dans la figure ci-jointe.

Dumas avait remarqué que, pour exécuter cette opération convenablement, il fallait chauffer la masse au bain d'alliage fusible ; autrement, en effet, il est difficile de maintenir la température au degré voulu pendant plusieurs heures ; on court le risque de surchauffer certains points et de donner ainsi naissance à des gaz, carbures d'hydrogène, acide carbonique, etc., résultant de la décomposition pyrogénée du produit.

Pour chauffer régulièrement et uniformément le mélange à la température de 250°, nécessaire pour la réaction, nous nous servons d'un bain de mercure dont la température peut être réglée et maintenue très exactement. Ainsi, on ne peut provoquer aucune réaction secondaire. Du reste, l'opération terminée, on n'observe pas trace de carbonisation et l'hydrogène recueilli est parfaitement pur.

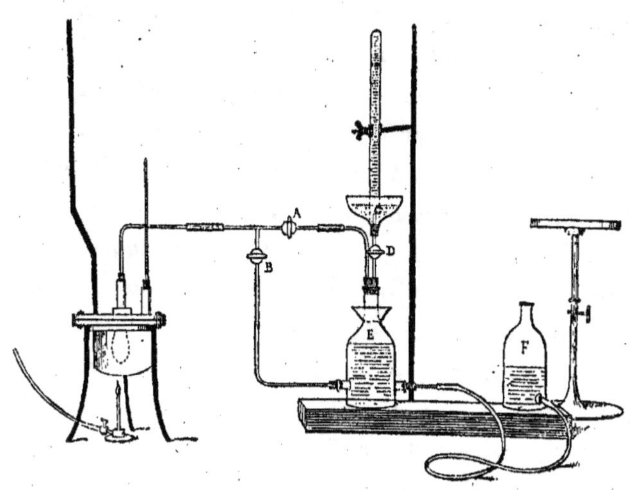

On introduit un poids connu de cire, mélangée avec la potasse et la chaux potassée, dans un tube à essai ou dans un petit matras, qui est placé dans une marmite en fonte, close, remplie de mercure. Le couvercle de l'appareil porte trois tubulures ; l'une, dans laquelle est fixé, au moyen d'un bouchon, le tube contenant la matière ; l'autre porte un tube en fer assez long pour condenser le mercure qui peut se volatiliser ; à la troisième est fixé le thermomètre.

Le gaz est recueilli dans l'appareil imaginé par M. Dupré, ainsi modifié. Le tube de dégagement, fixé par un bouchon au col du matras, conduit le gaz à la partie supérieure du flacon récepteur E et aussi, par un tube soudé au premier, à la tubulure inférieure du même flacon. Ces deux tubes portent chacun un robinet A et B ; ils sont demi-capillaires et le matras est choisi de grandeur telle qu'il soit à peu près rempli par le mélange ; il est bon, en effet, qu'il y ait le moins d'air possible dans l'appareil. Le tube rempli, l'appareil étant ainsi disposé et renfermant de l'air à la pression atmosphérique (la pression atmosphérique et la température de l'air extérieur étant connues), on ferme les deux robinets A et B et on fait arriver de l'eau dans le flacon récepteur, en soulevant l'autre flacon F, avec lequel il communique par la tubulure inférieure ; on le remplit ainsi complètement, en faisant sortir de l'eau par l'ajutage C, et on ferme le robinet D.

On abaisse alors le flacon F, on ouvre le robinet A et on chauffe le mercure. La réaction commence vers 180° ; le dégagement d'hydrogène se fait régulièrement et on pousse la température jusqu'à 250°, où on la maintient pendant deux heures. Le gaz se rassemble à la partie supérieure du flacon récepteur.

Quand la réaction est en pleine marche, on ferme A et on ouvre B ; on suit ainsi le dégagement et on en constate facilement l'arrêt, indice de la fin de l'opération. A ce moment, on cesse de chauffer et on laisse refroidir l'appareil en fermant B et en ouvrant A. Quand la température est redevenue ce qu'elle était au début, on ferme A et on chasse le gaz dans un tube gradué, en soulevant le flacon F et ouvrant D. On note le volume et la température du gaz et on prend la pression atmosphérique.

On a ainsi exactement le volume du gaz dégagé dans la réaction. Il n'y a pas, en effet, à tenir compte de l'air restant dans l'appareil, son volume étant le même avant et après l'opération, si on a soin de laisser refroidir à la même température. Dans le cours d'une expérience la pression atmosphérique change peu généralement ; du reste, si c'était nécessaire, on pourrait faire une correction à ce sujet, connaissant approximativement le volume d'air restant dans l'appareil ; mais cette correction est toujours insignifiante et n'influe guère sur le résultat.

Le volume d'hydrogène obtenu est ramené par le calcul à la température de 0° et à la pression de 760 millimètres et, ainsi corrigé, est rapporté à 1 gramme de cire.

Nous proposons, en outre, de calculer le résultat en alcool mélissique ; c'est, en effet, l'alcool qui domine dans la cire ; les autres sont des alcools voisins et n'y entrent, du reste, que pour une très faible proportion.

De l'équation donnée plus haut, on déduit que 1 centimètre cube d'hydrogène, à 0° et 760 millimètres, pesant 0 gr. 00008988, correspond à 0 gr. 00984 d'alcool mélissique. Il suffit donc de multiplier le volume d'hydrogène, dégagé par 1 gramme de cire, par le coefficient 0,984 pour avoir le résultat en alcool mélissique pour 100 de cire.

Voici, comme exemple, les résultats d'une opération :

2 gr. 032 de cire sont traités ainsi par la potasse et la chaux potassée, pendant deux heures, à 250° et on recueille 122 centimètres cubes d'hydrogène, mesurés à 14° et sous une pression de 746 millimètres.

Corrections faites, ce volume correspond à 112 centimètres cubes de gaz, à 0° et 760 millimètres, soit 55 centimètres cubes pour 1 gramme de cire et 54,21 d'alcool mélissique pour 100 de cire.

Au moyen de cet appareil, nous avons fait une série d'opérations pour bien établir les conditions dans lesquelles il faut faire la réaction, déterminer le degré d'exactitude de la méthode et éviter les causes d'erreur qu'auraient pu amener la présence des composés qui accompagnent les alcools dans la cire.

D'abord, une opération faite à blanc, c'est-à-dire avec le tube contenant seulement un mélange de potasse caustique et de chaux potassée, montre que, si on laisse refroidir l'appareil après l'avoir chauffé quelque temps à 250°, le gaz revient au niveau primitif ; on observe seulement une très faible absorption, qu'on peut négliger dans la pratique, et qui est due probablement à la fixation d'une trace d'acide carbonique et d'azote de l'air sur l'alcali.

Pour que la réaction soit quantitative, il faut la faire avec certaines précautions. Il faut d'abord que la cire soit intimement mélangée à la potasse, qui est l'agent actif, sinon la transformation pourrait ne pas être complète. Des expériences, dont nous allons donner le détail, nous ont montré que la chaux potassée seule fournit toujours des nombres trop faibles.

La chaux potassée dont nous nous servons contient une partie de potasse caustique en plaques pour deux parties de chaux vive.

Le moyen qui réussit le mieux, pour bien mélanger le produit à la potasse, consiste à ajouter à la cire, amenée à fusion dans une petite capsule de porcelaine, son poids environ de potasse caustique finement pulvérisée. On agite ; il se forme un savon qui se prend, par refroidissement, en une masse dure qu'on peut pulvériser et mélanger intimement et sans perte à la chaux potassée en poudre, dont on emploie environ trois fois le poids de cire. Le mélange ainsi fait est chauffé dans l'appareil décrit plus haut.

Voici les résultats obtenus sur deux échantillons de cire, traités dans les mêmes conditions, deux heures à 250°, d'une part, par la chaux potassée seule, d'autre part, par le mélange de potasse et de chaux potassée, comme il vient d'être indiqué.

Volume d'hydrogène,
à 0° et 760 ᵐᵐ, dégagé par 1 gr. de cire.

	Chaux potassée seule	Potasse et chaux potassée
I............	46ᶜᶜ,6 .	56ᶜᶜ,0
II............	48ᶜᶜ,2	54ᶜᶜ,5

On voit que les résultats obtenus avec la chaux potassée seule sont moins réguliers et toujours inférieurs à ceux qu'on obtient avec la potasse et la chaux potassée. Du reste, il est facile de montrer que, dans le premier cas, la transformation n'est pas terminée, qu'une portion des alcools a échappé à l'action de la potasse.

Pour cela, il suffit d'épuiser à l'éther le produit de la réaction ; ce dissolvant ne peut enlever à la masse que les hydro-carbures et les alcools qui n'ont pas été transformés, les autres produits de l'action de la potasse sur la cire, les sels d'acides gras, étant insolubles. Ceci posé, si on traite de la même façon, par la potasse et la chaux potassée, le résidu obtenu par la distillation des solutions éthérées, on trouve que le produit, provenant de l'opération par la chaux potassée seule, dégage de l'hydrogène, ce qui indique qu'il renferme encore des alcools, tandis que l'autre, provenant de l'opération par la chaux potassée et la potasse, ne donne plus trace de gaz; on peut en conclure que, dans ce cas, la transformation a été complète et qu'elle ne l'était pas dans l'autre.

En opérant avec le mélange de potasse et de chaux potassée, la réaction est donc totale et on doit obtenir des nombres constants. Pour nous en assurer, nous avons fait ainsi plusieurs opérations dans des conditions différentes ; nous avons fait varier les proportions de matière (en opérant sur des poids de cire variant de 2 à 10 grammes), les proportions de potasse (de une fois à trois fois le poids de cire), de chaux potassée (de trois fois à dix fois le poids de cire) et toujours le résultat fut le même.

Voici les données et les résultats de ces expériences, faites sur une même cire ; nous avons chauffé, pendant deux heures à 250°, des mélanges ainsi composés :

	I	II	III	IV
Poids de cire................	$9^{gr},484$	$9^{gr},962$	$4^{gr},570$	$1^{gr},116$
Poids de potasse............	9^{gr}	9^{gr}	6^{gr}	3^{gr}
Poids de chaux potassée.....	30^{gr}	30^{gr}	15^{gr}	10^{gr}
Volume d'hydrogène dégagé, ramené à 0° et 760^{mm}, pour 1 gramme de cire........	$55^{cc},5$	$55^{cc},8$	$55^{cc},3$	$55^{cc},7$

Il était important de bien établir la température à laquelle la réaction avait lieu et le temps qu'elle demandait pour être complète.

Le dégagement d'hydrogène commence vers 180° et se fait très régulièrement vers 220°. Il est inutile de chauffer au delà de 250°. C'est ce que montrent les deux expériences suivantes : dans la première, nous avons chauffé le mélange à 250°—260° pendant deux heures ; dans la seconde, à 300°—310°, pendant le même temps. Voici les volumes d'hydrogène obtenus dans les deux cas :

	250°-260°	300°-310°
Volume d'hydrogène dégagé, ramené à 0° et 760^{mm}, pour 1 gramme de cire................................	$56^{cc},1$	$56^{cc},4$

Après deux heures de chauffe à 250°, le dégagement d'hydrogène s'arrête ; à partir de ce moment, il est, en tous cas, insignifiant. On peut, du reste, s'assurer alors, par l'examen du produit, enlevé par l'éther à la masse ainsi traitée, que celle-ci ne renferme plus d'alcools non transformés. Ce produit ne dégage plus d'hydrogène par l'action de la potasse et de la chaux potassée.

En outre, nous l'avons constaté, le gaz hydrogène, obtenu dans l'opération, à 250°, est parfaitement pur.

En résumé, la réaction est complète et fournit des résultats constants, lorsqu'on traite la cire (2 à 10 grammes), dans l'appareil précédent, par son poids de potasse caustique et trois fois son poids de chaux potassée, à 250° pendant deux heures.

Voyons maintenant si on obtient dans la pratique la proportion d'hydrogène indiquée par l'équation de Dumas et Stas, et si, du volume de gaz recueilli, on peut déduire la quantité d'alcool contenu dans la cire.

Carl Hell (1) a proposé d'appliquer cette réaction à la détermination du poids moléculaire des alcools gras. Les termes voisins de cette série, ont, en effet, une composition centésimale très peu différente et l'analyse élémentaire ne permet pas d'établir exactement le numéro d'ordre de l'alcool auquel on a affaire. Mais, le volume d'hydrogène, que dégage un poids déterminé de ces alcools, n'est pas le même et va en diminuant au fur et à mesure qu'on s'élève dans la série, c'est-à-dire que le poids moléculaire augmente.

La méthode a donné de bons résultats, mais quelques points sont restés inexpliqués. On n'obtient pas, en effet, dans la réaction, la quantité d'hydrogène qu'indique la théorie ; il faut ajouter, d'après Hell, au volume de gaz recueilli, environ un dixième. Pourquoi ? L'auteur ne peut l'expliquer.

Il peut se faire que cette différence soit le résultat de réactions secondaires ou encore d'une action incomplète de la potasse sur

(1) Liebig's Annalen der Chemie, t. 223, p. 269.

les alcools. On a vu, en effet, que la chaux potassée seule fournit des nombres inférieurs ; il faut un mélange plus intime de l'alcool avec la potasse. Or, Hell emploie, pour faire l'opération, la chaux sodée ou la chaux potassée seule.

Quoi qu'il en soit, au point de vue où nous nous plaçons, la chose ne présente pas autrement d'importance ; ce que nous voulons, en effet, ce n'est pas le nombre absolu, mais une donnée particulière à la cire, et cela nous l'avons, puisque, dans notre manière d'opérer, les résultats sont tout à fait constants.

Une autre réaction secondaire, qui pourrait ici altérer les résultats, est celle de la potasse sur l'acide oléique ou ses homologues contenus dans la cire. Warrentrapp a montré, en effet, que l'acide oléique est attaqué par la potasse en fusion, en donnant de l'acétate et du palmitate de potassium avec dégagement d'hydrogène. La réaction peut être formulée ainsi :

$$C^{18}H^{34}O^2 + 2\,KHO = C^{16}H^{31}KO^2 + C^2H^3KO^2 + H^2.$$

Seulement elle n'a lieu qu'à une température élevée, vers 300° et, par conséquent, ne doit pas se produire dans les conditions où nous opérons ; mais, en serait-il autrement, que la réaction de la potasse sur la cire nous fournirait néanmoins la donnée que nous cherchons : un volume fixe de gaz, dans lequel entrerait alors, pour une part, l'hydrogène dégagé par l'action de la potasse sur les acides non saturés de la cire, qui y sont, on l'a vu, en quantité constante.

D'autre part, nous n'avons pas à nous occuper des autres alcools, que la potasse attaque de la même façon, la glycérine, la cholestérine, etc., ces alcools n'existant pas normalement dans la cire.

En résumé, en faisant agir la potasse sur la cire dans les conditions indiquées, on a un volume fixe de gaz hydrogène ; on obtient donc ainsi une nouvelle constante particulière à la cire, dont on peut déduire approximativement la quantité d'alcool que renferme ce produit. Bien que l'action de la potasse sur les alcools puisse être un peu différente de celle indiquée par l'équation donnée plus haut et bien que cette réaction puisse être accompagnée des réactions secondaires que nous venons de signaler, nous attribuons tout l'hydrogène dégagé à l'action de la potasse sur les alcools ; nous admettons, en outre, que ce gaz prend naissance dans les proportions déduites de l'équation théorique et nous calculons le résultat en alcool mélissique.

Voici maintenant les nombres obtenus avec quelques échantillons de cires jaunes françaises. Nous donnons le volume d'hydrogène dégagé par 1 gramme de cire et la teneur des échantillons en alcool mélissique, calculée, d'après le premier résultat, au moyen du coefficient établi plus haut (0,984). Nous donnons aussi, exprimée en acide palmitique, la quantité d'acides gras combinés, trouvée précédemment, contenue dans les échantillons considérés, et enfin le rapport de l'alcool mélissique à l'acide palmitique.

	Volume d'hydrogène à 0° et 760 millimèt. fourni par 1 gr. de cire	Alcool mélissique pour 100 de cire	Acide palmitique pour 100 de cire	Rapport de l'alcool mélissique à l'acide palmitique	Observations
1	53cc,5	52,64	32,95	1,59	Cire très colorée.
2	53cc,6	52,74	32,94	1,60	id.
3	54cc,5	53,62	33,35	1,60	id.
4	57cc,5	56,58	34,10	1,65	Cire peu colorée.
5	55cc,1	54,21	34,03	1,58	id.
6	54cc,5	53,62	32,67	1,64	id.
7	54cc,5	53,62	34,47	1,55	id.
8	53cc,0	52,15	33,55	1,55	Cire très peu color.
9	53cc,7	52,84	32,56	1,62	Cire peu colorée.
10	53cc,4	52,54	33,41	1,57	Cire très colorée.

Il résulte de ces déterminations que le volume d'hydrogène, dégagé dans l'opération précédente par un poids donné de cire jaune pure, varie de 53 cent. cubes à 57 cent. cubes 5 environ pour 1 gramme de cire.

Il en est de même de la quantité d'alcool mélissique contenue dans la cire et déduite de ce résultat. La cire jaune renfermerait, d'après cela, de 52 à 56,5 environ d'alcool mélissique pour 100.

Les cires jaunes les plus chargées en couleur sont généralement les moins riches en alcool.

Dans le palmitate de myricyle, le rapport de l'alcool mélissique à l'acide palmitique est de :

$$\frac{C^{30}H^{62}O}{C^{16}H^{32}O^{2}} = \frac{438}{256} = 1,71$$

Si, dans les échantillons considérés, on prend ce rapport, on trouve qu'il ne s'éloigne pas beaucoup du nombre théorique. Il varie, du reste, dans des limites peu étendues, de 1,55 à 1,65. Il y a donc sensiblement équivalence entre les alcools et les acides, qui entrent en combinaison avec eux, comme dans le palmitate de myricyle pur. C'est là, en outre, une justification de nos procédés d'analyse.

Nous résumons, dans le tableau suivant, les résultats fournis par l'action de la chaux potassée sur la cire.

Volume d'hydrogène à 0° et 760 millim. fourni par 1 gramme de cire	Alcool mélissique pour 100 de cire	Rapport de l'alcool mélissique à l'acide palmitique
53cc à 57cc,5	52 à 56,5	1,55 à 1,65

§ V. — Dosage des Hydrocarbures

Le dosage des hydrocarbures peut se faire très facilement et très rapidement sur le produit de l'action de la potasse et de la chaux potassée sur la cire, c'est-à-dire sur le résidu de l'opération précédente. C'est une des raisons qui nous ont fait adopter ce mode de dosage des alcools, qui permet en même temps celui des hydrocarbures.

Dans cette opération, en effet, tous les acides de la cire et les alcools eux-mêmes, transformés en acides, sont fixés à l'état de sels alcalins ; les carbures de la cire seuls restent libres. Pour les enlever, il suffit d'épuiser la masse, résultant de cette réaction, par un dissolvant approprié, l'éther ordinaire ou un éther de pétrole rectifié à point d'ébullition assez bas.

Pour le dosage dés hydrocarbures, il faut opérer sur 10 gr. de cire environ. La réaction terminée, le produit, provenant d'un poids connu de cire, est recueilli et pulvérisé. Lorsque le mélange de potasse, de chaux potassée et de cire a été fait dans les proportions indiquées plus haut, la masse reste friable et se pulvérise très facilement.

La poudre ainsi obtenue est introduite dans une fiole et traitée à plusieurs reprises, trois fois au moins, par de l'éther sec, en chauffant au bain-marie. On peut encore faire cet épuisement à chaud dans un appareil de Soxhlet.

L'éther employé pour cette opération doit être tout à fait pur, complètement privé d'alcool et d'eau, sinon on entraîne en dissolution une certaine quantité de potasse.

Les solutions sont filtrées et l'éther distillé. On fait passer le résidu dans une petite capsule, on le reprend par un peu d'éther et on filtre pour séparer, si c'est nécessaire, une trace de produit insoluble. La liqueur est évaporée et le résidu lavé à chaud avec quelques centimètres cubes d'eau, pour enlever une trace de potasse et de savon dissous par l'éther ; on laisse refroidir, on sépare les hydrocarbures qui se sont rassemblés, sous forme de gâteau, à la surface et qui, ainsi débarrassés des produits étrangers, sont séchés à l'étuve dans une capsule tarée ; on prend ensuite leur poids.

Voici le résultat de ce dosage sur les cires précédentes :

Hydrocarbures °/₀ de cire.

1	. .	13,39
2	. .	13,78
3	. .	12,72
4	. .	12,98
5	. .	13,68
6	. .	13,40
7	. .	14,30
8	. .	13,54
9	. .	14,10
10	. .	13,95

Ces résultats montrent que les hydrocarbures existent dans la cire en quantité à peu près constante.

Les divers échantillons de cire, que nous avons examinés, nous ont fourni une proportion d'hydrocarbures variant entre 12,72 et 14,30 pour 100; on observe entre eux, au maximum, une différence de 1,5 pour 100; nous prenons, comme limites extrêmes, 12,5 et 14,5. Cette nouvelle donnée varie donc entre des limites très rapprochées.

Ces nombres sont, en tous cas, beaucoup supérieurs à celui indiqué par F. Schwalb, qui a étudié les hydrocarbures de la cire. Selon lui, elle n'en renfermerait que 5 à 6 pour 100.

Néanmoins les carbures ainsi isolés sont purs ; ils se présentent sous forme d'une masse cireuse, à peine colorée, fusible de 49°,5 à 51° ; ils sont solubles dans l'éther, l'éther de pétrole, la benzine, le chloroforme, etc. Ces solutions sont neutres et laissent déposer le produit sous forme d'aiguilles cristallines.

Traité par la chaux potassée, il ne dégage plus trace d'hydrogène, ce qui indique l'absence complète de produits alcooliques.

Les hydrocarbures de la cire ne sont pas uniquement formés de carbures saturés, comme l'indique F. Schwalb ; le mélange renferme des hydrocarbures non saturés. Ceux que nous avons isolés dans la réaction précédente fixent, en effet, du brome, de l'iode, etc.

Nous avons déterminé de la façon suivante la proportion d'iode qu'ils peuvent absorber : 1 gr. de ce mélange d'hydrocarbures, lavé à l'eau et séché, est dissous dans le chloroforme puis la solution est additionnée d'un volume connu et en excès de la liqueur titrée d'iode, qui nous a servi plus haut au dosage des acides non saturés. Après vingt-quatre heures de contact, l'iode resté libre est dosé par une liqueur d'hyposulfite de soude, comme il a été indiqué précédemment.

100 parties de ces carbures fixent 22,05 à 22,50 parties d'iode.

Le titre d'iode de la cire, déterminé plus haut, n'est donc pas dû seulement aux acides non saturés, aux acides de la série oléique ; il est dû, en partie, aux hydrocarbures non saturés.

La cire renferme environ 13 % de carbures, ce qui correspond à 2,86 d'iode. Il faut donc défalquer du titre d'iode, qui est de 10 % en moyenne, ce nombre 2,86, fixé par les carbures, et, c'est seulement sur la différence, 7,14 environ, qu'il faut calculer l'acide oléique contenu dans la cire. Les cires des abeilles renferment, d'après cela, une moyenne de 7,85 % d'acides non saturés, exprimés en acide oléique.

Nous résumons dans le tableau suivant les données concernant les hydrocarbures de la cire jaune des abeilles :

Quantité d'hydrocarbures fournie par 100 gr. de cire	Point de fusion de ces hydrocarbures	Quantité d'iode fixée par 100 parties d'hydrocarbures de la cire
12,5 à 14,5	49°,5 à 51°	22 à 22,5

Les opérations que nous venons de décrire permettent d'établir quantitativement la composition de la cire des abeilles. Nous réunissons dans le tableau ci-contre les résultats obtenus ;

les nombres sont ceux fournis par les cires jaunes françaises ;
les cires anglaises et allemandes, examinées par Hehner et
Hübl, ont donné des résultats qui concordent avec ceux-ci, pour
les deux déterminations qui ont été faites par ces auteurs, celles des
acides libres et des acides combinés. Le grand nombre d'échantillons examinés, qui sont d'origines très différentes, donnent
toutes garanties aux limites que nous fixons :

ACIDES DE LA CIRE

- ACIDES LIBRES
  - 19 à 21 milligrammes de KHO pour 1 gramme de cire.
  - 13,50 à 15,50 d'acide cérotique pour 100 de cire.

Totalité des acides : 91 à 97 milligrammes de KHO pour 1 gr. de cire.

- ACIDES COMBINÉS
  - 71 à 76 milligrammes de KHO pour 1 gr. de cire.
  - 32,39 à 34,67 d'acide palmitique pour 100 de cire.

Rapport des acides libres aux acides combinés : 3,5 à 3,9.

- TITRE D'IODE
  - Iode fixé pour 100 de cire : de 8 à 11.
  - Acide oléique pour 100 de cire, calculé d'après le titre précédent : de 9 à 12.

ALCOOLS DE LA CIRE

- Hydrogène dégagé par 1 gr. de cire, sous l'influence de la potasse : 53^{cc} à $57^{cc},5$.
- Alcool mélissique pour 100 de cire : 52 à 56,5.
- Rapport de l'alcool mélissique à l'acide palmitique : 1,55 à 1,65.

HYDROCARBURES DE LA CIRE

- Hydrocarbures pour 100 de cire : 12,5 à 14,5.
- Point de fusion des hydrocarbures : $49°,5$ à $51°$.
- Iode fixé pour 100 d'hydrocarbures : 22 à 22,50.

On peut joindre à ces nombres le point de fusion, la densité, la solubilité dans les divers dissolvants et autres caractères particuliers à la cire, énumérés plus haut.

Les nombres cités, qui représentent les résultats des différents dosages, calculés comme on l'a vu, ne sont évidemment qu'approchés, eu égard à leur désignation ; dans le calcul, en effet, on a été obligé de faire certaines conventions, d'admettre pour la cire une composition un peu plus simple qu'elle ne l'est réellement. Dans ces conditions, il serait illusoire de chercher un contrôle en faisant la somme des éléments dosés.

Quoiqu'il en soit, on a ainsi un ensemble de constantes tout-à-fait particulier à la cire des abeilles et qui peut servir à caractériser le produit. Pour cela, chacune de ces déterminations, prise isolément, est insuffisante, car, étant données les limites entre lesquelles le résultat peut varier, il n'est pas possible de conclure avec certitude ; mais, lorsque l'ensemble des opérations, qui comprend le dosage de tous les composés entrant dans la constitution de la cire, fournit des nombres restant respectivement dans les limites indiquées, le doute n'est plus possible. C'est ce qui fait l'originalité de la méthode : multiplier les déterminations et corriger, en dosant le plus grand nombre possible des composés contenus dans le produit, l'incertitude que laisse chaque dosage en particulier.

Un autre avantage du procédé est que l'analyse complète n'exige qu'une petite quantité de matière, 15 grammes au maximum.

Nous montrerons plus loin le parti que l'on peut tirer de cette méthode et des résultats qu'elle fournit, pour l'étude des cires blanches, l'essai des cires en général et la recherche des falsifications dont elles sont l'objet.

III

CIRES DES ABEILLES EXOTIQUES

Il nous arrive en assez grandes quantités, des différents points du globe, des cires d'abeilles, qui sont utilisées par l'industrie. Nous avons cru qu'il y avait intérêt à étudier ces produits, comparativement aux cires provenant des variétés d'abeilles qu'on rencontre en Europe, dont nous nous sommes occupés dans le chapitre précédent.

L'abeille européenne a été transportée en Amérique, aux Etats-Unis, au Brésil, au Chili, en Australie, en Nouvelle-Calédonie, etc., où elle s'acclimate généralement bien, mais tend à se modifier diversement suivant le climat, la flore, etc.

L'abeille appartient à la famille des Hyménoptères, genre apis, qui compte un grand nombre d'espèces. Parmi celles qui secrètent de la cire, outre l'abeille domestique (apis mellifica), qui est répandue dans toute l'Europe, dans le Nord de l'Afrique et une partie de l'Asie occidentale, on connaît, par exemple, l'apis unicolor, qu'on élève en Afrique et spécialement à Madagascar, l'apis indica, jolie petite abeille qu'on trouve aux Indes, aux îles de la Sonde, etc.

Ces cires étrangères ont été peu étudiées. Nous n'avons à leur sujet que quelques résultats donnés par Hehner (1) et l'auteur n'a fait sur les échantillons qu'il possédait que deux déterminations, le dosage des acides libres et celui de la totalité des acides.

(1) Dingler's polytechnisches Journal, t. 251, p. 168.

Voici, du reste, les résultats de ces analyses sous la forme qu'il les donne :

Origine du produit	Acide cérotique pour 100 de cire	Palmitate de myricyle pour 100 de cire	Total de l'acide cérotique et du palmitate de myricyle
Amérique	15,16	88,09	103,25
Madagascar	13,56	88,11	101,67
Maurice	13,04	88,28	101,32
Id	12,17	95,68	107,85
Id	13,72	96,02	109,74
Jamaïque..........	13,49	85,12	98,61
Id	14,30	85,78	100,08
Mogador	13,44	89,00	102,44
Melbourne....... ..	13,92	89,24	103,16
Id	13,18	87,47	100,65
Sydney............	13,06	92,79	105,85
Id	13,16	88,62	101,78

Nous avons pu nous procurer quelques échantillons authentiques de cires étrangères : trois échantillons de cire d'abeilles récoltés à Madagascar et un autre aux Antilles, à Haïti. Ces cires sont expédiées en France en grande quantité et sont employées, dans notre région surtout, pour la préparation des apprêts des fils à coudre. Ce sont en général des cires d'excellente qualité, seulement, comme les indigènes prennent peu de soins dans leur préparation, elles sont souvent fortement colorées et chargées de matières terreuses.

Nous avons étudié ces échantillons par la méthode décrite plus haut, après avoir séparé, par filtration à chaud, les matières étrangères qu'ils renfermaient.

Ces cires, ainsi épurées, furent ensuite lavées à plusieurs reprises à l'eau distillée, puis séchées. Elles ne cèdent à l'eau, comme les cires d'Europe, que des traces d'acides solubles.

Voici les résultats des déterminations que nous avons faites :

Le nᵒ I est une cire de Madagascar, à odeur aromatique agréable, peu colorée, d'un jaune brun clair, comme les cires d'Europe.

Le nᵒ II est une cire de Madagascar, très dure, très colorée, brune, fort chargée en matières terreuses.

Le nᵒ III est encore une cire de Madagascar; c'est un échantillon moyen d'un lot de cire, pris au Hâvre, port d'arrivée, renfermant des morceaux plus ou moins chargés en matières étrangères.

Le nᵒ IV est une cire d'Haïti, très appréciée, dure, mais presque noire et qui possède une forte odeur aromatique spéciale, assez agréable.

	Point de fusion	Acides libres en milligr. de KHO pour 1 gr. de cire	Totalité des acides en millig. de KHO pour 1 gr. de cire	Iode fixé pour 100 de cire	Volume d'hydrogène à 0° et 760 mill. fourni par 1 gr. de cire	Hydrocarbures pour 100 de cire
I	63°,0	19,0	95	9,83	57ᶜᶜ	12,35
II	63°,5	18,9	96	8,02	56ᶜᶜ,8	12,88
III	63°,0	19,0	95	8,38	53ᶜᶜ,9	13,47
IV	63°,5	19,1	96	9,39	55ᶜᶜ,6	13,26

Ces nombres sont ceux qu'on obtient avec les cires des abeilles d'Europe ; les résultats de chaque détermination restent à peu près dans les limites établies plus haut ; ceux qui expriment les acides libres, le titre d'iode et les hydrocarbures sont cependant un peu faibles, à la limite inférieure.

Les nombres obtenus par Hehner sont également dans les mêmes limites, sauf deux échantillons, qui ne s'en éloignent d'ailleurs que très peu.

Ces cires d'abeilles étrangères ont donc la même composition chimique que les cires d'Europe. Elles n'en diffèrent que par la nature des principes colorants et odorants qui n'y existent, du reste, qu'à l'état de traces.

Il est assez curieux qu'une matière aussi complexe que la cire des abeilles, produite dans des conditions si différentes, présente une composition si constante et renferme toujours les mêmes composés à peu près dans les mêmes proportions.

Ce sont les seules cires étrangères que nous ayons pu examiner ; on comprend, en effet, toutes les difficultés qu'on rencontre pour se procurer des échantillons purs et d'origine authentique.

IV

BLANCHIMENT DE LA CIRE DES ABEILLES
& COMPOSITION DES CIRES BLANCHIES

La cire des abeilles, telle qu'on l'obtient par la fusion des rayons, est toujours plus ou moins colorée ; sa teinte varie, suivant la provenance, du jaune pâle au brun.

Pour beaucoup d'usages, la matière colorante de la cire ne gêne pas et on peut l'employer à l'état brut, mais d'autres applications réclament un produit incolore et il faut alors la blanchir.

Le blanchiment de la cire est une opération qu'il nous a paru intéressant d'étudier dans tous ses détails.

Nous avons expérimenté au laboratoire les différents procédés actuellement employés à cet effet, en opérant sur des cires jaunes de composition connue. Nous avons voulu d'abord nous rendre compte de la valeur pratique de ces procédés et ensuite établir la composition chimique des cires blanchies. On n'est pas encore, en effet, complètement fixé à ce sujet.

D'après Buchner (1), la cire blanchie à l'air posséderait la même composition que la cire jaune ; mais, les nombres représentant les acides libres et les acides combinés des cires jaunes, donnés plus haut, ne s'appliqueraient pas à la cire blanchie par les agents chimiques ; dans ce dernier cas, ces deux nombres seraient un peu plus élevés, en moyenne 23 milligr. de KHO pour les acides libres et 98 milligr. 36 de KHO pour la totalité

(1) Moniteur scientifique du docteur Quesneville, 1890, p. 494.

des acides ; le rapport de ces deux nombres serait au contraire un peu plus faible, 1 à 3,2.

H. Rottger (1) est arrivé à un résultat différent et, d'après lui, il n'y . a pas lieu d'adopter pour les cires blanchies d'autres nombres que ceux des cires jaunes pures.

Dans le blanchiment de la cire, la matière colorante est-elle seule attaquée et détruite ; d'autres composés sont-ils altérés ? Quelles sont, en un mot, les modifications, si modifications il y a, que l'on observe dans la composition des cires blanchies par les différents procédés en usage ? C'est ce qu'il fallait d'abord établir.

Nous avons suivi pour cela la méthode employée pour l'étude des cires jaunes ; nous avons fait sur chaque échantillon blanchi les mêmes déterminations et fixé ainsi les nombres particuliers aux cires blanches pures, nombres qui nous serviront de base pour caractériser ces produits, trouver le procédé suivi pour le blanchiment et rechercher les falsifications.

Nous allons donc passer successivement en revue les divers modes de blanchiment de la cire.

Suivant leur teinte et leur origine, les cires des abeilles sont plus ou moins faciles à blanchir. Généralement la matière colorante qu'elles renferment est assez fugace et on arrive à l'enlever sans grande difficulté ; cependant certaines cires ne peuvent être blanchies par les procédés ordinairement utilisés dans la pratique industrielle.

Les méthodes employées pour le blanchiment des matières organiques sont de deux sortes : ou bien on fait usage de produits tels que le noir animal, certains autres charbons du même genre, l'argile, etc., capables d'absorber et de retenir la matière colorante ; ou bien d'agents tels que le chlore ou l'oxygène sous diverses formes, qui la détruisent, la brûlent,

(1) Moniteur scientifique du docteur Quesneville, 1890, p. 494.

sans attaquer notablement la matière à blanchir, toujours plus stable.

L'acide sulfureux est encore un agent de décoloration fréquemment utilisé.

Le produit auquel on a recours le plus souvent, pour le blanchiment des matières organiques et qui généralement réussit bien, est le chlore ; seulement, cet agent ne peut pas être appliqué à la cire. Il attaque cependant et détruit rapidement la matière colorante qui la souille ; mais, comme l'a constaté depuis longtemps Gerhardt, les principes constitutifs de la cire absorbent en même temps du chlore, qui reste combiné ; la constitution du produit est ainsi profondément modifiée et il devient impropre aux divers usages auxquels on le destine. Dans sa combustion, par exemple, il donne alors du gaz acide chlorhydrique.

Le fait est facile à expliquer. Nous avons montré, en effet, dans ce qui précède, que la cire renfermait certains composés non saturés, des acides de la série oléique, des hydrocarbures, capables de fixer directement certains éléments, pour passer à l'état de composés saturés. Nous avons, du reste, déterminé la quantité d'iode que la cire pouvait retenir ; la proportion varie de 8,2 à 11 pour 100 de son poids. Elle peut, par suite, absorber la quantité équivalente de chlore, (2,29 à 3,07) et c'est ce qui arrive lorsqu'on cherche à la blanchir par ce procédé.

§ I. — Blanchiment par le noir animal

Le noir animal absorbe les matières colorantes de la cire et peut servir à la blanchir. Si on maintient en fusion, au bain-marie, pendant quelques heures, en agitant fréquemment, de la cire jaune, additionnée de 10 % environ de noir animal lavé, en poudre fine, et si on jette ensuite sur un filtre chauffé, le produit passe complètement décoloré.

Nous donnons ci-dessous la composition d'une cire d'abeilles, ainsi blanchie par le noir animal et, afin de pouvoir faire la comparaison, celle de la cire jaune qui l'a fournie.

	Point de fusion	Acides libres en milligr. de KHO pour 1 gr. de cire	Totalité des acides en milligr. de KHO pour 1 gr. de cire	Iode fixé pour 100 de cire	Volume d'hydrogène à 0° et 760 mm. fourni par 1 gr. de cire	Hydrocarbures pour 100 de cire
Cire jaune..	63°	21,00	95,06	11,23	54^{cc},5	14,30
La même, décolorée par le noir animal.	63°	19,71	93,20	11,36	53^{cc},6	13,30

On voit que la cire décolorée par le noir animal n'a pas changé de composition; elle donne sensiblement les mêmes résultats que la cire jaune dont elle provient; en tous cas, les nombres trouvés à l'analyse restent dans les limites que nous avons fixées pour les cires jaunes pures.

Le noir animal ne retient donc que la matière colorante et n'agit pas autrement; le principe colorant entre, du reste, dans la cire pour une si faible proportion que sa disparition n'influe pas sur la composition du produit.

Le noir animal est un excellent agent de décoloration de la cire et fournit un moyen, qui pourrait être appliqué en grand, pour préparer rapidement de la cire blanche pure.

L'argile, comme le noir animal, absorbe certaines matières colorantes et elle est quelquefois employée comme agent décolorant, par exemple, pour le blanchiment des paraffines (1). Nous avons essayé son action sur la cire. La cire jaune précédente fut maintenue en fusion, pendant quelques heures, avec 10 % de son poids environ de kaolin, préalablement chauffé à 300°. Au bout de ce temps, la masse fut jetée sur un filtre

(1) Bulletin de la Société chimique de Paris, 3 série, t. 2, p. 468.

chauffé, mais le résultat fut négatif ; la cire recueillie était tout aussi colorée qu'avant le traitement.

L'argile n'agit donc pas sur la matière colorante de la cire et ne peut servir à la blanchir ; on a constaté, du reste, qu'elle ne pouvait pas être employée pour le blanchiment des acides gras, de l'acide stéarique, etc.

§ II. — **Blanchiment à la lumière**

C'est le procédé qu'on suit le plus généralement pour le blanchiment de la cire des abeilles. La matière colorante qu'elle renferme est, en effet, une de celles qui sont détruites sous l'influence des rayons solaires. On blanchit la cire comme on blanchissait autrefois les toiles sur le pré. Dans la pratique, elle est débitée en copeaux, de façon à présenter une grande surface à l'action de l'air et de la lumière. On l'obtient sous cette forme, en la coulant fondue, en mince filet, sur un cylindre métallique, qu'on tourne rapidement, et qui plonge à moitié dans une cuve contenant de l'eau. Les rubans de cire, ainsi préparés, sont exposés sur des claies, à la campagne et autant que possible au soleil ; on les retourne et on les arrose de temps en temps avec de l'eau.

Cette opération ne peut se faire dans les villes où l'air est chargé de poussières et surtout de suies goudronneuses, qui s'attachent au produit et lui communiquent une teinte brune qu'il n'est plus possible de lui enlever.

Ainsi exposée, la cire blanchit peu à peu par combustion lente de la matière colorante. L'opération dure de 10 à 60 jours, suivant le temps, l'époque et aussi la teinte du produit ; certaines cires, du reste, ne peuvent pas être blanchies de cette façon. Quoi qu'il en soit, il est toujours nécessaire de refondre les copeaux à plusieurs reprises et de couler de nouveau la masse en rubans dans le cours de l'opération, pour renouveler les surfaces.

Nous avons étudié le blanchiment de la cire au soleil pour bien établir les conditions dans lesquelles se produit le phénomène et aussi pour rechercher les modifications qui s'opèrent, pendant l'opération, dans la nature du produit. Nous avons expérimenté sur plusieurs échantillons de cire, d'origines différentes et de composition connue. Voici comment ces expériences ont été conduites.

La cire à blanchir est fondue puis coulée de haut sur un ballon de verre, qu'on tourne très rapidement, par le col, dans une grande terrine pleine d'eau ; le ballon contient lui-même un peu d'eau, pour qu'il soit immergé en partie. Les copeaux de cire, ainsi obtenus, sont recueillis sur une toile, égouttés, placés en mince couche dans des cuvettes de porcelaine puis exposés ainsi au dehors, autant que possible aux rayons directs du soleil. La masse est retournée tous les jours, arrosée avec un peu d'eau distillée et, toutes les semaines, fondue et coulée de nouveau.

Nous avons entrepris ces expériences à l'époque de l'année la plus favorable, dans le courant du printemps et de l'été 1890.

En opérant sur des poids connus de cire, nous avons pu établir la proportion de matière perdue au blanchiment.

Lorsqu'on examine de près de la cire ainsi exposée à l'air et au soleil, on constate que la teinte ne va pas en s'abaissant graduellement et uniformément, mais on voit apparaître sur les copeaux jaunes destaches blanches, qui vont rapidement en s'agrandissant. La combustion de la matière colorante commence donc en certains points, autour desquels elle se propage.

Pour que la décoloration aille rapidement, il faut à la fois l'action de l'air et de la lumière ; c'est sous l'influence des rayons directs du soleil que le blanchiment se fait le mieux. La lumière est, en tous cas, l'agent principal dans l'opération. L'action destructive du soleil sur certaines matières colorantes, cependant assez réfractaires à l'action des réactifs, est, du reste, bien connue.

Dans ces conditions, la décoloration de la cire est le résultat d'une oxydation, d'une combustion lente de la matière colorante, par l'oxygène de l'air, combustion qui se fait seulement sous l'influence des rayons solaires.

Si, en effet, on place, comme nous l'avons fait, de la cire jaune en copeaux dans un flacon, tenu dans l'obscurité ou entouré de papier noir, dans lequel circule de l'air, la cire ne se décolore pas.

Il en est de même, si on remplace l'air par un courant d'oxygène pur; même après plusieurs mois, on n'observe aucun changement dans la teinte du produit. Mais, si on fait intervenir la lumière et particulièrement les rayons directs du soleil, le blanchiment se fait très rapidement, surtout dans l'oxygène.

Dans le blanchiment des toiles sur le pré, on attribue généralement le principal rôle à l'ozone; on admet qu'il est l'agent actif du blanchiment; nous avons voulu vérifier le fait sur la cire.

Pour cela, nous avons fait passer un courant d'oxygène fortement ozoné, tel qu'on l'obtient par l'appareil à effluve de M. Berthelot, dans un flacon tubulé, contenant de la cire jaune coulée en copeaux, avec toutes les précautions nécessaires pour éviter la décomposition de l'ozone avant son arrivée sur la cire. Dans l'obscurité, c'est-à-dire lorsque le flacon est garni de papier noir, il n'y a pas destruction de la matière colorante, même après un contact prolongé de la cire avec l'oxygène ozoné; mais, si on vient à mettre au soleil le flacon, dégarni du papier, la réaction est très rapide et le blanchiment est obtenu en quelques heures.

Ce n'est donc pas, comme on l'admettait jusqu'à présent, simplement l'ozone qui effectue la combustion de la matière colorante; de même que l'oxygène pur ou l'oxygène de l'air il ne devient actif, c'est-à-dire apte à produire cette combustion, qu'en présence des rayons solaires.

L'oxygène et l'ozone acquièrent donc par l'insolation, comme cela a été constaté pour d'autres gaz, une énergie beaucoup plus grande et leur pouvoir comburant s'exalte.

Du reste, le soleil n'agit pas par l'élévation de température qu'il produit, car, nous l'avons constaté, même à la température de 60°, l'ozone n'attaque pas, dans l'obscurité, la matière colorante de la cire.

La lumière joue donc le principal rôle dans l'opération du blanchiment à l'air. C'est l'élément nécessaire, indispensable.

Pour que la décoloration se fasse rapidement, il faut à la fois l'oxygène de l'air et le soleil ; mais l'air n'est pas absolument nécessaire ; le phénomène peut s'accomplir sans qu'il intervienne.

Bien exposée à l'action des rayons solaires, la cire, en effet, se décolore dans le vide et aussi dans les gaz inertes, tels que l'acide carbonique et l'azote.

C'est ce que nous avons constaté, en plaçant au soleil de la cire en minces copeaux, renfermés dans des vases, dans lesquels on avait fait le vide ou remplacé l'air par de l'acide carbonique ou de l'azote. Dans ces conditions, le blanchiment se fait beaucoup plus lentement, il est vrai, mais, après cinq mois d'exposition au soleil, nous avons obtenu de cette façon de la cire presque blanche.

L'analyse des produits ainsi décolorés nous révèlera peut-être les réactions qui se passent dans ces conditions. Mais laissons, pour le moment, ce sujet, un peu en dehors de notre cadre et sur lequel nous comptons revenir, et voyons quelle est la composition des cires blanchies par l'action combinée du soleil et de l'air.

Les échantillons de cires blanchis de cette façon furent fondus, lavés à l'eau distillée et, quand c'était nécessaire, filtrés à chaud pour séparer les poussières, séchés puis analysés par la méthode décrite précédemment.

Sur quelques échantillons, nous avons déterminé la perte de poids au blanchiment.

	Durée de l'exposition au soleil et à l'air en jours	Acides solubles dans l'eau en milligr. de KHO pour 1 gr. de cire	Perte de poids au blanchiment	Point de fusion	Acides libres en milligr. de KHO pour 1 gr. de cire	Totalité des acides en milligr. de KHO pour 1 gr. de cire	Iode fixé pour 100 de cire	Volume d'hydrogène à 0° et 760 mm. fourni par 1 gr. de cire	Hydrocarbures pour 100 de cire
Cire jaune I..............	—	—	—	64°	20,05	92,10	11,01	54^{cc},5	13,40
La même, blanchie au soleil	49	0,57	1 °/₀	64°	20,07	94,80	6,40	53^{cc},9	11,11
Cire jaune II..............	—	—	—	63°,5	20,17	93,49	10,87	53^{cc}	13,54
La même, blanchie au soleil } I. 10		0,50	—	64°	20,40	94,10	6,60	54^{cc},2	12,05
} II. 40		—	—	64°	20,80	96,80	4,66	56^{cc},2	11,33
Cire jaune III..............	—	—	—	63°,5	20,25	91,61	9,66	53^{cc},7	14,10
La même, blanchie au soleil	49	0,63	2 °/₀	63°,5	20,70	93,30	6,58	54^{cc},6	12,31
Cire jaune IV..............	—	—	—	63°	18,92	96,98	9,97	53^{cc},4	13,95
La même, blanchie au soleil	47	0,48	2 °/₀	64°	20,30	99,80	6,20	53^{cc},6	12,46
Cire jaune V..............	—	—	—	63°	19,40	95,06	11,23	54^{cc},5	14,30
La même, exposée au soleil sans se décolorer....... }	60	—	—	63°	20,09	96,20	7,41	55^{cc},1	12,84

Nous avons résumé dans le tableau précédent les résultats des différents dosages effectués sur ces produits, avec ceux fournis par les cires jaunes employées.

De ces nombres on tire les conclusions suivantes :

Dans l'opération du blanchiment à l'air, les cires jaunes pures ne perdent qu'une faible portion de leur poids, de 1 à 2 %.

Le point de fusion du produit reste sensiblement le même. Il ne se forme que des traces d'acides solubles dans l'eau. Les acides libres et les acides combinés n'augmentent que dans une faible proportion, de 2 à 3 milligrammes, exprimés en KHO, pour 1 gr. de cire ; ils restent à peu près dans les limites fixées pour les cires jaunes. La totalité des acides ne dépasse pas une quantité correspondant à 100 milligrammes de KHO pour 1 gr. de cire, tandis que la limite extrême, pour les cires jaunes, est fixée à 97 milligrammes. Quoi qu'il en soit, le rapport des acides libres aux acides combinés reste celui des cires jaunes ; il est, pour les échantillons étudiés, de 3,65 à 3,76.

Le volume d'hydrogène dégagé par la chaux potassée, qui mesure la quantité d'alcools, reste sensiblement le même, dans les limites admises pour les cires jaunes. S'il augmente un peu, cela tient à la formation d'une petite quantité d'oxyacides.

On constate seulement une notable diminution dans la quantité des hydrocarbures et surtout dans le titre d'iode ; celui-ci baisse environ de moitié.

C'est donc principalement par le titre d'iode que les cires ainsi blanchies diffèrent des cires jaunes dont elles proviennent.

L'échantillon II montre que, si le temps d'exposition à l'air et au soleil est prolongé, les différences s'accentuent, mais toujours dans le même sens ; la combustion est, en effet, dans ce cas, un peu plus avancée.

Il en résulte que, dans le blanchiment à l'air, outre la matière colorante, qui subit une combustion totale, les principes non saturés de la cire, les acides de la série oléique et les hydrocarbures, fixent de l'oxygène, pour donner des composés saturés, qui ne sont plus susceptibles d'absorber de l'iode. Ce sont ces produits qui, en s'oxydant, entraînent la combustion de la matière colorante ; nous le montrerons plus loin.

Les hydrocarbures de la cire ainsi blanchie sont, en effet, moins riches en carbures non saturés ; ils fondent de 51°,5 à 53° et absorbent de 14,30 à 15 % d'iode, tandis que ceux de la cire jaune fondent à 49°,5 et fixent 22 % d'iode.

On a vu que certaines cires d'abeilles ne pouvaient pas être blanchies de cette façon ; l'échantillon V en est un exemple ; néanmoins celles-ci subissent à l'air, comme le montrent les résultats obtenus, les mêmes changements dans leur composition, mais elles restent colorées, la matière colorante, d'une nature spéciale, ne brûlant pas dans ces conditions.

Les cires blanchies au soleil, dans l'oxygène et dans l'oxygène ozoné, éprouvent, cela n'est pas étonnant, une oxydation plus profonde. Voici, du reste, les résultats de l'analyse des cires ainsi blanchies :

	Acides solubles dans l'eau en milligr. de KHO pour 1 gr. de cire	Point de fusion	Acides libres en milligr. de KHO pour 1 gr. de cire	Totalité des acides en milligr. de KHO pour 1 gr. de cire	Iode fixé pour 100 de cire	Volume d'hydrogène à 0° et 760 mm. fourni par 1 gr. de cire	Hydrocarbures pour 100 de cire
Cire jaune..........	—	63°,5	20,17	93,49	10,87	53^{cc}	13,54
La même, blanchie au soleil, dans l'oxygène	3	64°	22,30	99,30	3,81	57^{cc},2	10,31
La même, blanchie au soleil, dans l'oxygène ozoné..	5	64°	24,0	100,7	2,58	57^{cc},6	10,20

On voit que, dans ce cas, il se forme une plus grande quantité d'acides solubles dans l'eau ; les acides libres et la totalité des acides augmentent beaucoup ; les acides de la série oléique disparaissent presque complètement.

Ce sont là, il est vrai, des conditions qui ne sont jamais réalisées dans la pratique, bien que l'oxygène ozoné, ou, du moins, l'air ozoné, dans l'appareil décrit par Fahrig et Billing (1), pourrait être utilisé pour blanchir rapidement la cire. Néanmoins, on voit que les résultats sont différents, suivant qu'on pousse l'oxydation plus ou moins loin, suivant l'énergie de l'agent employé.

Nous résumons, dans le tableau suivant, les nombres qu'on obtient avec les cires jaunes pures, blanchies à l'air et au soleil, c'est-à-dire les limites entre lesquelles oscillent les résultats des déterminations, faites sur les cires ainsi décolorées.

	Point de fusion	Acides libres en milligr. de KHO pour 1 gr. de cire	Totalité des acides en milligr. de KHO pour 1 gr. de cire	Iode fixé pour 100 de cire	Volume d'hydrogène à 0° et 760 mm. fourni par 1 gr. de cire	Hydro-carbures pour 100 de cire
Cires jaunes pures	63° à 64°	19 à 21	91 à 97	8 à 11	53^{cc} à 57^{cc},5	12,5 à 14,5
Cires pures blanchies à l'air et au soleil.	63°,5 à 64°	20 à 21	93 à 100	4 à 7	53^{cc} à 57^{cc},5	11 à 13

Suivant la manière dont a été conduit le blanchiment, suivant la durée de l'exposition à l'air, suivant, en un mot, que l'oxydation a été plus ou moins profonde, les résultats diffèrent un peu. Si l'oxydation est menée rapidement de façon à ne déterminer, autant que possible, que la destruction de la matière colorante, les nombres restent sensiblement les mêmes que ceux des cires jaunes, sauf toutefois pour le titre d'iode et les hydrocarbures.

(1) Bulletin de la Société chimique de Paris, 3° série, t. IV, p. 596.

Au contraire, si la matière colorante est difficile à brûler, s'il est nécessaire d'augmenter la durée de l'exposition à l'air, les nombres sortent des limites fixées pour les cires jaunes. L'opération, du reste, n'est pas facile à régler ; on n'est pas maître des conditions ; elle dépend surtout du temps. De là la nécessité de donner des limites assez écartées.

§ III. — Blanchiment à la lumière avec addition de suif

Dans la pratique on blanchit rarement la cire jaune pure ; les blanchisseurs ajoutent toujours au produit, avant de le couler en copeaux, une petite quantité de suif, de 1 à 5 %. Cela tient à plusieurs raisons ; en présence d'un peu de suif, le blanchiment, comme on l'a constaté depuis longtemps, est beaucoup plus rapide ; du reste, cette addition de matière grasse est généralement nécessaire pour obtenir des produits tout à fait blancs et elle est indispensable pour les cires fort colorées, difficiles à blanchir ; en outre, la cire pure blanchie à l'air présente l'inconvénient d'être trop cassante, ce qui s'explique par la disparition des acides fluides, onctueux, les acides de la série oléique qui sont, comme on vient de le voir, en grande partie détruits dans l'opération.

L'addition de suif, faite dans les proportions que nous venons d'indiquer, est généralement admise ; elle n'est pas considérée comme une falsification et, nous le montrerons, la théorie explique et justifie cette manière d'opérer.

Nous nous sommes assurés que le suif avait une réelle influence sur le blanchiment ; en exposant, en effet, au soleil des copeaux de cire jaune pure et des copeaux de la même cire, additionnée d'un peu de suif, on constate que, dans ce dernier cas, le résultat était obtenu beaucoup plus vite.

Quel est le rôle du suif dans l'opération ? Nous avons cherché d'abord comment il se comportait lorsqu'il était seul, exposé à l'air en couche mince, et nous avons déterminé les modifications apportées ainsi dans sa composition.

Du suif de bœuf frais, pur, bien lavé à l'eau et séché, fut analysé par la méthode précédente, c'est-à-dire soumis aux différents dosages que nous faisons sur les cires.

Sa composition ainsi établie, nous l'avons coulé en couche mince, d'un millimètre d'épaisseur environ, dans une cuvette de porcelaine, que nous avons exposée au soleil pendant 40 jours, c'est-à-dire pendant le temps généralement nécessaire pour décolorer la cire. Dans ces conditions, le suif blanchit, il perd une légère teinte jaunâtre qu'il possède naturellement et prend une odeur spéciale, rappelant celle de l'ozone. C'est ainsi, du reste, qu'on blanchissait autrefois les chandelles ; une fois coulées, on les exposait à l'air, comme on le fait pour la cire.

Au début de l'opération, on observe une légère augmentation de poids, de $1\ ^0/_0$ environ ; il y a donc d'abord fixation d'oxygène.

Au bout de ce temps, le produit fut lavé à l'eau distillée (il ne cède que des traces d'acides solubles), puis séché et soumis de nouveau aux mêmes dosages.

Nous résumons dans le tableau suivant les résultats fournis par le suif frais et ceux obtenus sur le suif exposé à l'air et au soleil.

	Point de fusion	Acides libres en milligr. de KHO pour 1 gr. de suif	Totalité des acides en milligr. de KHO pour 1 gr. de suif	Iode fixé pour 100 de suif	Volume d'hydrogène à 0° et 760 mm. fourni par 1 gr. de suif
Suif frais............	47°,5	2,75	202	36,01	52cc,5
Le même, exposé à l'air et au soleil, pendant 40 jours, en couche mince.	48°,5	4,86	213	27,68	60cc,4

Dans l'oxydation du suif à l'air, les acides libres, qu'on prend généralement comme caractère du degré de rancidité, augmentent mais restent en quantité très faible, même dans les conditions les plus favorables pour l'oxydation, qui sont celles de nos expériences. Pour le suif, c'est la donnée sur laquelle le changement est le moins sensible.

Sur la totalité des acides, on trouve une augmentation plus notable, ce qui, très vraisemblablement, est dû en partie à la formation d'acides bibasiques, qui sont à l'état de glycérides. Mais, c'est surtout sur le titre d'iode, c'est-à-dire sur la teneur en acide oléique, qu'on constate une grande différence ; cet acide disparaît dans une forte proportion. C'est le phénomène le plus important qu'on observe dans l'action de l'air sur les matières grasses ; nos expériences mettent parfaitement en évidence ce fait, qui était resté inaperçu.

La disparition de l'acide oléique explique, du reste, l'élévation du point de fusion du suif.

L'acide oléique, $C^{18}H^{34}O^2$, s'oxyde donc lentement à l'air sous l'influence de la lumière. Dans ces conditions, il donne des acides saturés, l'acide dioxystéarique, $C^{18}H^{34}O^2(OH)^2$, l'acide tétraoxystéarique, $C^{18}H^{32}O^2(OH)^4$, et aussi des acides bibasiques, tels que l'acide azélaïque, $C^9H^{16}O^4$, etc.

Le volume d'hydrogène dégagé est dû, pour le suif frais, à l'action de la potasse sur la glycérine qu'il renferme. Celle-ci s'oxyde, disparaît en partie, mais il se forme d'un autre côté, notamment aux dépens de l'acide oléique, des oxyacides, qui renferment le groupement atomique fonctionnel des alcools, et qui sont également attaqués, dans les conditions de l'opération, par la potasse en fusion, avec dégagement d'hydrogène. C'est ce qui explique l'augmentation du volume de gaz obtenu.

Ceci posé, nous avons étudié des cires blanchies à l'air, avec addition de suif, dans des proportions variant de 3 à 5 %, limite extrême admise dans la pratique.

	Durée de l'exposition au soleil et à l'air en jours	Acides solubles dans l'eau en milligr. de KHO pour 1 gr. de cire	Point de fusion	Perte de poids au blanchiment	Acides libres en milligr. de KHO pour 1 gr. de cire	Totalité des acides en milligr. de KHO pour 1 gr. de cire	Iode fixé pour 100 de cire	Volume d'hydrogène à 0° et 760 mm. fourni par 1 gr. de cire	Hydrocarbures pour 100 de cire
Cire jaune I...	—	—	63°	—	18,92	94,80	9,97	53^{cc},4	13,95
La même, blanchie avec addition de 3 pour 100 de suif.	45	0,44	63°,2	1 °/₀	21,20	109,30	6,86	55^{cc},4	11,44
Cire jaune II.............	—	—	63°,5	—	20,25	91,61	9,66	53^{cc},7	14,10
La même, blanchie avec addition de 3 pour 100 de suif.	46	0,66	63°,5	1 °/₀	21,40	114,30	6,78	55^{cc},9	11,63
Cire jaune III......... ...	—	—	64°	—	20,50	92,10	11,01	54^{cc},5	13,40
La même, blanchie avec addition de 5 pour 100 de suif.	49	0,68	64°	1,3 °/₀	21,70	115,10	6,43	56^{cc},7	11,03

Nous résumons, dans le tableau ci-contre, les données des expériences et les résultats de l'analyse des produits.

Comme précédemment, dans le blanchiment à l'air de la cire pure, la perte de poids est très faible ; le point de fusion reste le même et il ne se forme que des traces d'acides solubles dans l'eau.

Les acides libres augmentent peu, mais dépassent cependant 21 milligr. de KHO. L'acidité totale augmente beaucoup, s'élève au-dessus de 100 milligr. de KHO pour 1 gr. de cire et peut aller jusqu'à 115, suivant la proportion de suif ajouté, et suivant que l'oxydation a duré plus ou moins longtemps, a été plus ou moins profonde. C'est surtout par ce dernier nombre que les cires, blanchies avec du suif, diffèrent de celles blanchies pures à l'air.

Le rapport des acides libres aux acides combinés sort maintenant des limites admises pour les cires jaunes ; il est de 1 : 4 environ.

Le titre d'iode est de beaucoup inférieur à celui des cires jaunes. On voit donc que l'acide oléique du suif ajouté disparaît en même temps que celui de la cire.

Les carbures sont en plus petite quantité et sont moins riches en carbures non saturés que ceux des cires jaunes. Ils fondent à 53° et fixent 14,28 % d'iode.

Le volume d'hydrogène, obtenu par l'action de la chaux potassée, augmente un peu, par suite de la formation d'une petite quantité d'oxyacides.

Nous donnons dans le tableau ci-dessous (page 80) les limites entre lesquelles oscillent les résultats fournis par les cires blanchies avec addition de suif, dans la proportion de 1 à 5 %.

Pour le titre d'iode et les hydrocarbures, nous avons descendu la limite inférieure jusqu'à 4 et 9,5, bien que les nombres trouvés par nous soient 6 et 11 ; dans certaines conditions, en effet, quand l'exposition à l'air est prolongée, on arrive à ces nombres; c'est ce qu'on a vu plus haut pour les cires pures blanchies à l'air.

	Point de fusion	Acides libres en milligr. de KHO pour 1 gr. de cire	Totalité des acides en milligr. de KHO pour 1 gr. de cire	Iode fixé pour 100 de cire	Volume d'hydrogène à 0° et 760 mm. fourni par 1 gr. de cire	Hydro-carbures pour 100 de ciré
Cires blanchies à l'air, avec addition de 1 à 5 % de suif.	63°,5 à 64°	21 à 23	100 à 115	4 à 7	53cc,5 à 57cc	9,5 à 12

Les résultats obtenus avec les cires blanches du commerce, c'est-à-dire celles décolorées avec addition de suif, doivent toujours rester dans ces limites, si ce produit n'a pas été ajouté en quantité exagérée.

Les expériences que nous venons de décrire montrent bien le mode d'action du corps gras, ajouté à la cire, dans le blanchiment; il agit surtout par l'acide oléique qu'il renferme.

Le suif apporte l'élément combustible, l'acide oléique, qui est facilement oxydable et dont la combustion entraîne celle de la matière colorante. Il en résulte que, plus il y aura dans la cire de composés susceptibles de s'oxyder à l'air, plus le blanchiment devra être rapide et complet. C'est, en effet, ce qu'on observe.

D'ailleurs, l'acide oléique ainsi introduit ne reste pas; il disparaît en grande partie, tant celui de la matière grasse ajoutée que celui de la cire.

On pourrait, du reste, remplacer avantageusement le suif par l'acide oléique, dans la proportion de 1 à 2 % du poids de la cire; le résultat serait le même.

Voici maintenant les nombres fournis par l'analyse de plusieurs échantillons de cires blanches, pris dans le commerce, et qui, pour la plupart, d'après leur composition, ont été blanchis avec addition de suif.

	Point de fusion	Acides libres en milligr. de KHO pour 1 gr. de cire	Totalité des acides en milligr. de KHO pour 1 gr. de cire	Iode fixé pour 100 de cire	Volume d'hydrogène à 0° et 760 millim. fourni par 1 gr. de cire	Hydrocarbures pour 100 de cire
1	64°	21,02	113	5,38	56cc	11,89
2	63°,7	23,53	112	4,00	56cc,2	10,28
3	63°,5	20,80	108,8	4,15	55cc,6	9,54
4	64°	21,59	100	4,95	55cc,8	11,61
5	63°,2	22,98	102	5,75	54cc,4	10,52
6	63°,7	21,19	105	6,24	53cc,1	11,80
7	64°	25,04	108	4,90	56cc,3	10,62
8	63°,5	20,09	100,5	5,89	56cc,6	12,30

Blanchiment à la lumière avec addition d'essence de térébenthine. — Certains produits, ajoutés à la cire, se comportent comme le suif dans l'opération du blanchiment; telle est, par exemple, l'essence de térébenthine.

De la cire jaune fut additionnée de 5 °/₀ d'essence de térébenthine bien rectifiée, puis le mélange fut coulé en copeaux et ceux-ci exposés au soleil. Le blanchiment se fait très rapidement, et, dans ces conditions, est terminé en 10 jours.

Ce résultat est dû probablement à l'ozone, dont on a constaté la formation sur de l'essence de térébenthine, exposée à l'air et à la lumière. L'explication pourrait, du reste, s'appliquer au suif qui, en rancissant, présente une odeur franche d'ozone.

L'essence de térébenthine agit donc, dans ce cas, comme l'acide oléique; elle s'oxyde à l'air, sous l'influence de la lumière, et son oxydation entraîne celle de la matière colorante; elle disparaît d'ailleurs complètement; le blanchiment effectué, on n'en retrouve plus trace.

La cire ainsi blanchie fut ensuite lavée à l'eau distillée, séchée et analysée; voici les résultats obtenus, comparativement avec ceux donnés par la cire jaune employée.

	Point de fusion	Acides libres en milligr. de KHO pour 1 gr. de cire	Totalité des acides en milligr. de KHO pour 1 gr. de cire	Iode fixé pour 100 de cire	Volume d'hydrogène à 0° et 760 millim. fourni par 1 gr. de cire	Hydro-carbures pour 100 de cire
Cire jaune pure.	63°,5	20,17	93,49	10,87	53cc	18,54
La même, blanchie à l'air, avec 5 % d'essence de térébenthine.	63°,5	20,20	100,40	6,78	54cc,9	12,39

La cire, décolorée au soleil en présence d'essence de térébenthine, a donc la même composition que la cire blanchie seule à l'air et à la lumière ; les nombres restent dans les limites que nous avons données plus haut pour les produits blanchis de cette façon.

§ IV. — **Blanchiment par les procédés chimiques**

Les procédés de blanchiment à l'air, que nous venons de décrire, nécessitent tous l'action du soleil, qui, à certaines époques, fait défaut. On a proposé, pour remédier à cet inconvénient, divers moyens, basés sur l'emploi de réactifs chimiques, d'agents oxydants, capables de brûler la matière colorante ; tels sont, l'eau oxygénée, le bichromate de potassium, le permanganate de potassium, etc.

Blanchiment par l'eau oxygénée. — L'eau oxygénée, qu'on fabrique aujourd'hui pour les besoins de l'industrie et qu'on livre à bas prix, peut être employée avantageusement pour le blanchiment de la cire.

Si on arrose des copeaux de cire, exposés au soleil, avec de l'eau oxygénée (titrant de 5 à 10 volumes), on active beaucoup le blanchiment. Mais, le meilleur mode d'emploi de l'eau oxygénée est le suivant : la cire, coulée en copeaux, est placée dans de l'eau oxygénée, d'une concentration de 5 à 10 volumes, saturée par l'ammoniaque ou le carbonate de soude, et maintenue à la température de 50° environ. On la blanchit ainsi dans l'espace de quelques jours.

On arrive encore plus rapidement à la décoloration, en ajoutant à l'eau oxygénée, saturée comme il vient d'être dit, une petite quantité d'une solution d'un sel à réaction alcaline, tel que le borax, qui provoque la décomposition lente de l'eau oxygénée.

Voici les résultats fournis par l'analyse d'une cire ainsi blanchie.

	Point de fusion	Acides libres en milligr. de KHO pour 1 gr. de cire	Totalité des acides en milligr. de KHO pour 1 gr. de cire	Iode fixé pour 100 de cire	Volume d'hydrogène à 0° et 760 millim. fourni par 1 gr. de cire	Hydro-carbures pour 100 de cire
Cire jaune pure.	63°,5	20,17	93,49	10,87	53cc	13,54
La même, blanchie par l'eau oxygénée	63°,5	19,87	98,42	6,26	56cc,1	12,53

Les nombres obtenus sont encore dans les limites des cires pures, blanchies à l'air.

Blanchiment par le bichromate de potassium et le permanganate de potassium. — La cire à blanchir est fondue sur de l'acide sulfurique, étendu de 2 fois son volume d'eau, et on ajoute, par petites portions et en agitant, du bichromate de potassium, dans la proportion de 5 % environ du poids de la cire. On fait bouillir quelques heures, puis on laisse refroidir et on sépare le gâteau de cire, qu'on lave d'abord à l'eau acidulée par l'acide sulfurique, puis à l'eau pure, à plusieurs reprises. La cire ainsi traitée est parfaitement décolorée.

On opère de la même façon avec le permanganate de potassium.

Nous avons fait ainsi une seconde opération, sur la même

cire jaune, en augmentant la proportion de bichromate de potassium et de permanganate de potassium.

Nous donnons, dans le tableau suivant, les résultats de ces expériences.

		Point de fusion	Acides libres en milligr. de KHO pour 1 gr. de cire	Totalité des acides en milligr. de KHO pour 1 gr. de cire	Iode fixé pour 100 de cire	Volume d'hydrogène à 0° et 760 millim. fourni par 1 gr. de cire	Hydro-carbures pour 100 de cire
Cire jaune pure.		63°	20,40	95,06	11,23	54cc,5	14,30
La même, décolorée par le bichromate de potassium	I	63°,2	21,86	98,90	7,94	54cc	13,24
	II	64°	23,43	107,72	1,08	53cc,6	11,77
La même, décolorée par le permanganate de potassium	I	63°,5	21,96	99,23	5,80	55cc,5	13,34
	II	63°,7	22,63	103,29	2,64	55cc,5	12,10

Les opérations II sont celles dans lesquelles on a forcé la proportion de réactif et dans lesquelles, par conséquent, l'oxydation a été plus profonde.

La composition des cires, décolorées par les procédés chimiques, par l'action du permanganate de potassium, du bichromate de potassium, etc., est, on le voit, assez variable ; la proportion d'acides, notamment, que renferme le produit, après le traitement, est plus ou moins grande, suivant que l'oxydation a été poussée plus ou moins loin. Lorsque l'opération est bien conduite, les nombres restent sensiblement dans les limites des cires pures, blanchies à l'air ; mais, si on exagère la proportion de l'agent oxydant, les nombres sortent de ces limites ; la quantité d'acides, entre autres, augmente notablement et l'acide oléique disparaît presque complètement. C'est ce qui explique les divergences, dont nous avons parlé plus haut, que Buchner et Rottger ont constaté entre leurs résultats (1).

Ces procédés de blanchiment de la cire, par le bichromate de potassium et le permanganate de potassium, donnent d'excellents résultats ; ce sont, avec les procédés par le noir et l'eau oxygénée, les plus pratiques parmi ceux qui ne nécessitent pas l'intervention du soleil.

Au lieu de bichromate de potassium ou de permanganate de potassium, on peut employer, de la même façon, le nitrate de potassium ; mais, dans ces conditions, la cire conserve toujours une teinte jaune pâle, due à la présence d'une trace de produits nitreux, qu'il est très difficile d'enlever complètement.

Les agents réducteurs, même les plus énergiques, n'agissent pas sur les principes colorants des cires et ne peuvent pas servir à les blanchir.

Nous avons essayé l'action de l'acide sulfureux, des sulfites et des hydrosulfites. L'acide sulfureux gazeux n'agit pas, à froid ou à chaud, sur la matière colorante de la cire ; il en est de même de sa solution dans l'eau.

Les solutions d'acide hydrosulfureux ou d'hydrosulfite de sodium ne l'attaquent pas davantage, même par un contact prolongé.

En résumé, cette étude sur le blanchiment de la cire des abeilles montre que la composition des cires blanches est moins constante que celle des cires jaunes ; les nombres oscillent entre des limites plus étendues. Ils varient avec le procédé employé et la façon dont il a été appliqué. Ils dépendent, en un mot, pour les cires blanchies seules à l'air ou par les agents chi-

(1) Bulletin de la Société chimique de Paris, 3ᵉ série, t. 4, p. 465, et Chemiker Zeitung, 1890, p. 1707.

miques, de la façon dont l'oxydation a été conduite, et, pour les cires blanchies avec addition de suif, ils dépendent, en outre, de la proportion de suif ajouté.

C'est pourquoi il est nécessaire de donner des limites assez larges, qu'il est, du reste, difficile de fixer exactement. De plus, on a, pour les cires blanches, à considérer une série de limites, qui correspondent aux différents procédés de blanchiment.

Néanmoins, pour les cires blanchies dans de bonnes conditions, par les procédés chimiques, les nombres restent dans les limites que nous avons fixées pour les cires blanchies seules à l'air et au soleil ; tandis que, pour les cires blanchies avec addition de suif, ou fortement oxydées dans le blanchiment par les agents chimiques, les résultats sortent de ces limites.

Les nombres que nous avons donnés dans les tableaux précédents permettront d'établir si une cire blanche est pure, et, jusqu'à un certain point, par quel procédé elle a été décolorée ; ils nous serviront de base pour déterminer la nature des produits ajoutés frauduleusement.

A ces données sur les cires blanches, on pourrait encore ajouter certaines propriétés physiques, telles que le point de fusion, la densité, etc., si ces propriétés ne se confondaient pas à peu près avec celles des cires jaunes. La densité (1), en effet, reste sensiblement la même et le point de fusion, on l'a vu, ne s'élève que de $0°,5$ à $1°$, au maximum. Ces caractères ne fournissent donc rien de particulier aux cires blanches.

(1) Moniteur scientifique du docteur Quesneville, 1890, t. IV, 1re partie, p. 495.

V

FALSIFICATIONS DE LA CIRE

DES ABEILLES

La cire des abeilles a reçu beaucoup d'emplois et elle est l'objet d'un commerce important. Comme son prix est assez élevé, les vendeurs ont intérêt à la falsifier. C'est, en effet, une des substances qu'on fraude le plus souvent et par les produits les plus divers. Les substances employées pour cela sont, du reste, très nombreuses.

Les falsificateurs choisissent évidemment des matières jouissant de propriétés voisines, autant que possible, de celles de la cire des abeilles. On emploie surtout, pour cet usage, les paraffines à point de fusion élevé, les cires fossiles, l'ozocérite ou ozokérite, certaines cires végétales, telles que celle de Carnauba et celles qui nous viennent du Japon, de Chine, etc. Ces produits, par leurs propriétés physiques, se rapprochent beaucoup de la cire des abeilles, mais leur composition chimique est toute différente ; il va sans dire que leur prix est toujours inférieur.

La cire de Chine, la cire du Japon et en général les cires végétales, qui sont peu colorées, servent surtout à falsifier les cires blanches.

On emploie aussi des mélanges de ces corps. Ainsi, on ajoute quelquefois à la cire un mélange de cire de Carnauba et de cire du Japon, un mélange de cire de Carnauba et de suif, un mélange de cire de Carnauba et de cérésine, un mélange de suif, d'acide stéarique et de paraffine, etc.

Quelquefois, mais beaucoup plus rarement, on ajoute à la cire du suif, de l'acide stéarique, de la résine, des poudres minérales, argiles, ocre, craie, sulfate de baryte, céruse, blanc de zinc, talc, plâtre et même de l'amidon, de la fécule, etc.

Ces falsifications grossières sont faciles à déceler, mais il n'en est plus de même dans le premier cas. Les mélanges sont souvent faits avec beaucoup de talent, très étudiés, et la fraude est difficile à caractériser.

La matière qu'on introduit le plus fréquemment dans la cire est la paraffine ou cire minérale. On peut en ajouter jusqu'à 20 %, sans que cette addition influe sensiblement sur certaines propriétés physiques de la cire.

La plupart de ces produits cependant changent plus ou moins ses propriétés. Ainsi, le suif, l'acide stéarique, la cire du Japon, la cire de Carnauba ne peuvent être ajoutés à la cire des abeilles, au-delà de certaines limites, sans altérer visiblement ses qualités. La cire du Japon et l'acide stéarique diminuent sa malléabilité, la rendent plus cassante; le suif la rend plus molle, plus grasse; la cire de Carnauba la rend beaucoup plus dure et son point de fusion s'élève considérablement.

Ces caractères peuvent déjà mettre sur la voie de la fraude.

Les falsificateurs vont même jusqu'à fabriquer des mélanges plus ou moins complexes, qu'ils livrent sous le nom de cire des abeilles, et qui n'en renferment pas trace, tout en possédant, jusqu'à un certain point, les mêmes qualités. Aussi, trouve-t-on dans le commerce beaucoup de produits qui n'ont de la cire des abeilles que le nom et l'aspect extérieur.

Voici, du reste, pris parmi beaucoup d'autres, deux procédés de fabrication de cires artificielles, qui ont été brévetés en France; l'un consiste à mélanger par fusion deux parties de colophane et une partie de paraffine, l'autre trois parties de colophane et une partie d'acide stéarique (1).

La *cérésine* (2), qu'on vend souvent sous le nom de cire et dont on fait aussi usage pour la falsifier, est de la cire fossile, purifiée par un traitement à l'acide sulfurique et au noir, puis distillée dans la vapeur d'eau surchauffée. C'est une paraffine fondant à 60°-65°, qui a presque exactement les mêmes propriétés que la cire des abeilles. On peut l'obtenir d'un blanc éclatant, et elle a alors aussi belle apparence que la meilleure qualité de cire blanchie. Lorsqu'on veut la donner comme cire jaune, on la colore. En ajoutant, en effet, à la cérésine de seconde qualité, une matière colorante, telle que le curcuma ou la gomme-gutte, on obtient un produit ressemblant à s'y tromper à la cire des abeilles brute ou légèrement blanchie. Par l'addition d'une substance aromatique, on arrive même à lui communiquer l'odeur caractéristique de la cire.

Cires diverses et autres produits servant à falsifier la cire des abeilles

Afin de pouvoir caractériser nettement les falsifications de la cire des abeilles, nous avons étudié les produits qu'on emploie le plus souvent dans ce but. Bien qu'elles possèdent des propriétés physiques très voisines de celles de la cire, ces substances ont toujours une composition chimique très différente; c'est sur ce fait que nous nous sommes basés pour

(1) Journal de pharmacie et de chimie, 1882, 5ᵉ série, t. 5, p. 154.
(2) Zeitschrift für angewandte Chemie, 1889, p. 185.

déceler leur présence dans les mélanges qu'on trouve dans le commerce.

Nous avons appliqué à ces corps la méthode, décrite précédemment, qui nous a servi pour l'étude des cires jaunes, des cires blanchies et du suif. On peut l'employer, en effet, non seulement pour caractériser la cire des abeilles, mais encore toutes les matières grasses et, en particulier, celles qu'on prend pour falsifier la cire.

En les soumettant aux différents dosages que comprend la méthode, nous avons fixé une série de nombres particuliers à ces corps et représentant quantitativement leur composition. Nous avons pu ainsi établir en quoi ils diffèrent de la cire des abeilles et dans quel sens ils modifient les résultats lorsqu'ils sont mélangés avec elle.

Le produit à examiner est d'abord lavé à l'eau distillée, pour séparer les acides solubles, puis chaque dosage est fait exactement dans les conditions indiquées plus haut; seulement, pour quelques-uns, étant donnée la composition du produit, la réaction se passe d'une façon différente et nous aurons à interpréter le résultat.

§ I. — Cires Végétales

Les végétaux secrètent tous, en plus ou moins grande quantité, une substance grasse, ayant parfois l'aspect de la cire, qu'on trouve, suivant le cas, dans les divers organes de la plante, les graines, les fruits, etc. Les feuilles particulièrement sont recouvertes d'une couche, souvent très mince, mais quelquefois plus épaisse, de matière cireuse, qui possède quelques-unes des propriétés de la cire des abeilles. Certains palmiers, notamment, en produisent une quantité suffisante pour pouvoir être recueillie et pour faire l'objet d'une exploitation régulière.

Ces produits sont vendus, d'une façon générale, sous le nom

de cires végétales et quelquefois aussi sous le nom de leur pays d'origine ; telle est la cire du Japon, la cire de Chine, etc.

Leur composition est très variable.

Nous allons passer en revue les types de cires végétales qu'on trouve couramment dans le commerce.

Cire du Japon. — Il nous arrive en grande quantité de ce pays une substance cireuse, en gros pains, blanche ou légèrement jaunâtre, qui est vendue sous le nom de cire du Japon (1). Elle est produite par certains arbres de la famille des Anacardiées, qui la fournissent en abondance (2). L'exploitation de l'arbre à cire est la principale industrie des îles Kiu-Siu. Elle est purifiée et blanchie dans la province de Hisen et nous arrive par Osaka (3).

Les indigènes l'emploient pour l'éclairage et pour cirer les cheveux ; en Europe elle sert surtout à falsifier les cires blanches d'abeilles.

Elle ressemble beaucoup à la cire des abeilles blanchie ; elle est cependant plus cassante et sa cassure est plus nette, moins grenue ; en outre, son odeur rappelle celle du suif. Son point de fusion est beaucoup plus bas ; elle fond de 42° à 54°. Sa densité est un peu plus élevée ; elle est de 1,002 à 1,006, pour la cire brute, et de 0,970 à 0,980 pour la cire blanchie.

Sa composition chimique est toute différente de celle de la cire des abeilles. La cire du Japon est, en effet, un mélange de glycérides neutres d'acides gras, principalement de l'acide palmitique et d'autres acides voisins, notamment l'acide stéarique et l'acide arachidique, avec une petite

---

(1) Répertoire de chimie appliquée, 1860, t. 2, p. 142, 296, 388.

(2) Carl Schaedler. — Die Technologie der Fette und Oele des Pflanzen und Thierreichs, p. 650.

(3) Journal of the Society of chemical industry, 1890, p. 221.

quantité d'acides huileux (1). Elle se rapproche donc beaucoup de l'huile de palme et c'est plutôt un suif qu'une cire ; aussi, la désigne-t-on quelquefois sous le nom de suif du Japon.

Benedikt et Zsigmondy ont trouvé dans la cire du Japon de 10,3 à 11,2 % de glycérine (2).

Elle est peu soluble dans l'alcool froid, complètement soluble dans l'alcool bouillant et se dépose par refroidissement sous forme de grains cristallins ; elle est peu soluble dans l'éther froid, mais très soluble dans le chloroforme, la benzine, l'éther de pétrole, etc. La cire du Japon est très facilement saponifiée par la potasse alcoolique et le savon est complètement dissous à chaud ou à froid.

Voici l'analyse de quelques échantillons authentiques de cire du Japon. Le numéro I est une cire extraite des feuilles et tiges du Rhus vernicifera (Cand.) et du Rhus sylvestris (Siebold), fournie par la maison Th. Schuchardt de Gœrlitz. Le numéro II est une cire du Japon, prise à Londres, port principal d'arrivée, et le numéro III, une cire du Japon très ancienne, rancie, de la collection du laboratoire de chimie appliquée de la Faculté des sciences de Lille.

	Point de fusion	Acides solubles dans l'eau en milligr. de KHO pour 1 gr. de cire	Acides libres en milligr. de KHO pour 1 gr. de cire	Totalité des acides en milligr. de KHO pour 1 gr. de cire	Iode fixé pour 100 de cire	Volume d'hydrogène à 0° et 760 mm fourni par 1 gr. de cire	Hydrocarbures pour 100 de cire
Cire du Japon I	51°	2	17,9	222	7,24	70cc,5	o
id. II.	52°,5	2	17,4	224	8,84	72cc,3	o
id. III.	47°	—	28,2	216,4	6,00	69cc,5	o

Ces résultats montrent que le point de fusion de ces cires

(1) Archiv der Pharmacie t. 9, n° 5, p, 403, et Jahresbericht der chemischen Technologie, 1879, p. 1160.
(2) Jahresbericht der chemischen Technologie, 1885, p. 1103.

est assez variable, mais il est toujours inférieur à celui de la cire des abeilles.

La cire du Japon, comme toutes les cires végétales, du reste, renferme une quantité notable d'acides solubles dans l'eau ; il est donc nécessaire de laver à l'eau ces produits avant d'entreprendre les dosages. Les acides libres y existent en quantité à peu près égale à celle qu'on trouve dans la cire des abeilles ; seulement, la proportion est beaucoup plus forte dans le produit ranci. La totalité des acides est considérable, dépasse le double de ce qu'on obtient avec la cire des abeilles et c'est surtout par ce nombre que la cire du Japon diffère de cette dernière. A ce point de vue, elle se rapproche du suif ; mais, elle s'en distingue par sa teneur en acide oléique, qui est beaucoup plus faible, et par le volume de gaz qu'elle donne par l'action de la chaux potassée, qui est plus grand.

Pour les acides libres et les acides combinés, nos résultats concordent avec ceux de Hübl (1), qui a fait ces deux déterminations sur ces produits. Cet auteur trouve, pour les acides libres, de 15 à 24 milligr. de KHO, et, pour la totalité des acides, 220 milligr. de KHO pour 1 gr. de cire du Japon. Il admet pour les acides libres une moyenne de 20 milligr. de KHO.

Le titre d'iode est un peu plus faible que celui des cires d'abeilles. E. Valenta (2) donne un nombre inférieur aux nôtres, 4,2 d'iode pour 100 de cire.

L'hydrogène dégagé par la chaux potassée est dû ici à la glycérine contenue dans le produit ; mais, le volume de gaz obtenu, plus grand que celui fourni par le suif dans les mêmes conditions, semble indiquer que la cire du Japon renferme, en outre, d'autres alcools ou des oxyacides.

La cire du Japon ne contient pas d'hydrocarbures.

(1) Dingler's polytechnisches Journal, .t. 249, p. 338.
(2) Jahresbericht der chemischen Technologie, 1884, p. 1172.

Cire de Chine. — La cire végétale de Chine, qu'il ne faut pas confondre avec une cire d'insectes qui nous vient du même pays, ressemble beaucoup à la cire du Japon, par sa composition et ses propriétés. Elle est récoltée, du reste, sur des végétaux de la même famille. Son point de fusion est cependant un peu plus élevé; elle est d'un blanc mat et plus cassante encore que la cire du Japon.

Nous donnons ci-dessous l'analyse d'une cire de Chine authentique, extraite des fruits du Rhus succedanea (Lin.).

	Point de fusion	Acides solubles dans l'eau en milligr. de KHO pour 1 gr. de cire	Acides libres en milligr. de KHO pour 1 gr. de cire	Totalité des acides en milligr. de KHO pour 1 gr. de cire	Iode fixé pour 100 de cire	Volume d'hydrogène à 0° et 760 mm. fourni par 1 gr. de cire	Hydrocarbures pour 100 de cire
Cire de Chine.	53°,5	2	22	218	6,85	72^{cc},3	o

Voici encore l'analyse de deux cires végétales, prises dans le commerce, et vendues sans autre désignation.

	Point de fusion	Acides solubles dans l'eau en milligr. de KHO pour 1 gr. de cire	Acides libres en milligr. de KHO pour 1 gr. de cire	Totalité des acides en milligr. de KHO pour 1 gr. de cire	Iode fixé pour 100 de cire	Volume d'hydrogène à 0° et 760 mm. fourni par 1 gr. de cire	Hydrocarbures pour 100 de cire
Cire végétale I.	54°	2	18,9	220	6,67	74^{cc},4	o
Id. II.	53°	2	17,5	218	8,24	73^{cc},9	o

Cire de Bornéo. — Nous avons eu l'occasion d'étudier une cire provenant de Bornéo (1) et extraite d'une espèce de Sophora. C'est une belle matière grasse, d'un blanc jaunâtre, à odeur aromatique spéciale, d'une texture cristalline; elle se casse faci-

(1) Répertoire de chimie appliquée, 1860, t. 2, p. 390.

lement et tombe en poussière. Elle a plutôt les propriétés d'un suif que celles d'une cire. Elle fond à basse température, et, fondue, elle reste facilement en surfusion. Elle n'est soluble qu'en partie dans l'alcool bouillant, et la solution dépose par refroidissement des aiguilles cristallines ; elle est entièrement soluble dans le chloroforme.

Elle est facilement saponifiée par la potasse alcoolique et les produits sont complètement solubles à chaud ; à froid la solution laisse déposer des aiguilles cristallines.

On ne sait rien sur la composition de cette cire ; elle paraît cependant se rapprocher de celle des suifs. Voici, du reste, les résultats qu'elle fournit aux différents dosages que comprend notre méthode.

	Point de fusion	Acides solubles dans l'eau en milligr. de KHO pour 1 gr. de cire	Acides libres en milligr. de KHO pour 1 gr. de cire	Totalité des acides en milligr. de KHO pour 1 gr. de cire	Iode fixé pour 100 de cire	Volume d'hydrogène à 0° et 760 mm. fourni par 1 gr. de cire	Hydro-carbures pour 100 de cire
Cire de Bornéo	30°	o	20	198	30,92	60^{cc},3	o

Cire de Carnauba. — Cette cire est produite par un palmier qui croît en abondance dans l'Amérique du Sud, au Chili, au Pérou, etc. Les indigènes la récoltent sous forme d'écailles plus ou moins épaisses, qui se détachent des feuilles séchées (1). Après fusion, ils la livrent au commerce coulée en pains irréguliers, d'un jaune sale.

C'est une masse dure, cassante, qui se pulvérise comme de la résine. Fondue, elle a une odeur particulière et, en se refroidissant, la masse solidifiée se fendille dans tous les sens. Cette cire fond à haute température, de 83° à 86° environ ; elle est très dense ; sa densité varie de 0,995 à 0,999.

(1) C. Schaedler. — Technologie der Fette und Oele, p. 660.

Elle n'est soluble qu'en partie dans l'alcool froid, mais complètement soluble dans l'alcool chaud, l'éther et le chloroforme. Elle est saponifiée par la potasse alcoolique et les produits sont entièrement solubles à chaud; à froid la liqueur se prend en une masse solide comme de l'empois.

La composition chimique de la cire de Carnauba est très complexe; elle a été étudiée par Stürcke (1). Cette cire renferme une forte proportion d'alcool mélissique libre, $C^{30}H^{62}O$, fusible à 85°,5, une petite quantité d'un alcool, $C^{27}H^{56}O$, fusible à 76°, d'un carbure fusible à 59° et d'un alcool diatomique, fusible à 103°,5, qui répond à la formule $C^{25}H^{52}O^2$.

L'acide contenu en plus grande quantité dans cette cire est l'acide cérotique, $C^{27}H^{54}O^2$, puis vient un acide, isomère de l'acide lignocérique, fusible à 72°,5, qui répond à la formule $C^{24}H^{48}O^2$, et enfin un produit, fusible à 103°,5, $C^{19}H^{36}{<}{CH^2 \atop CO}{>}O$, qui est la lactone d'un oxyacide, qui aurait pour formule $C^{19}H^{38}{<}{CH^2OH \atop CO\ OH}$.

Voici les résultats obtenus sur deux échantillons de cire de Carnauba, récoltés sur le corypha cerifera (Lin.); l'un provient du Chili et l'autre du Pérou; ce dernier nous a été fourni par la maison Schuchardt.

	Point de fusion	Acides solubles dans l'eau en milligr. de KHO pour 1 gr. de cire	Acides libres en milligr. de KHO pour 1 gr. de cire	Totalité des acides en milligr. de KHO pour 1 gr. de cire	Iode fixé pour 100 de cire	Volume d'hydrogène à 0° et 760 mm. fourni par 1 gr de cire	Hydrocarbures pour 100 de cire
Cire de Carnauba	83°,5	o	5,4	79	9,17	76cc,8	1,62
Id.	83°	o	4,2	82	7,23	72cc,7	1,04

Les nombres qui représentent les acides libres et la totalité des acides concordent avec ceux obtenus par Hubl (2).

(1) Liebig's Annalen, t. 223, p. 283.
(2) Dingler's Polytechniches Journal, t. 249, p. 338...

Ce qui caractérise cette cire, une de celles qui se rapproche le plus, par sa composition, de la cire des abeilles, c'est, d'abord, son point de fusion élevé et ensuite la forte proportion d'alcools qu'elle renferme; c'est ce qu'indique l'abondant dégagement d'hydrogène qu'elle donne sous l'influence de la chaux potassée.

§ II. — Cires fossiles ou minérales.

La cire minérale, préparée comme nous l'avons indiqué plus haut, qu'on désigne encore sous les noms d'ozokérite ou ozocérite et de cérésine, est souvent employée pour falsifier la cire des abeilles. Par ses propriétés physiques, elle lui ressemble beaucoup. On peut l'amener, par un traitement convenable, à avoir un point de fusion très voisin de celui de la cire des abeilles et même supérieure; les cires minérales qu'on trouve dans le commerce fondent, en effet, de 60° à 80°. Cependant la densité est toujours inférieure à celle de la cire des abeilles; elle varie de 0,915 à 0,925.

Les cires minérales ne sont solubles qu'en faible proportion dans l'alcool bouillant et la portion dissoute se dépose par refroidissement; elles sont complètement solubles dans le chloroforme, la benzine, etc.; les solutions sont neutres et ne sont pas attaquées par la potasse alcoolique.

Leur composition est, en effet, toute différente de celle de la cire des abeilles. Ces produits sont constitués essentiellement par des hydrocarbures, appartenant à plusieurs séries. Leurs propriétés varient un peu suivant le mode d'obtention et les purifications qu'on leur a fait subir.

On peut les obtenir tout à fait incolores et elles sont alors employées pour la falsification des cires blanches. Quant aux produits qui doivent être mélangés aux cires jaunes, il n'est pas nécessaire de pousser leur purification aussi loin; ils peuvent conserver une légère teinte; souvent même, on les colore artificiellement.

Voici l'analyse de deux échantillons de cire minérale, l'un I,
tout à fait blanc ; l'autre II, coloré artificiellement en jaune.

	Point de fusion	Acides solubles dans l'eau en milligr. de KHO pour 1 gr. de cire	Acides libres en milligr. de KHO pour 1 gr. de cire	Totalité des acides en milligr. de KHO pour 1 gr. de cire	Iode fixé pour 100 de cire	Volume d'hydrogène à 0° et 760 mm. fourni par 1 gr. de cire	Hydro-carbures pour 100 de cire
Cire minérale I	67°,5	o	o	o	o	0^{cc}	100
Id.　II	72°	o	o	o	0,67	0^{cc}	100

Ces produits, lorsqu'ils sont bien préparés, sont tout à fait
neutres et ne renferment pas traces d'acides ni d'alcools; ils
ne donnent rien au dosage des acides libres et au dosage des
acides combinés; la chaux potassée fournit aussi un résultat
négatif. Ils sont formés surtout d'hydrocarbures saturés; ils ne
fixent pas d'iode, ou seulement des traces, et cela indique alors
la présence dans le produit d'une petite quantité d'hydrocarbures non saturés.

Paraffines. — A côté des cires minérales, nous plaçons les
paraffines, qui s'en rapprochent beaucoup comme composition
et comme propriétés, et qui servent également à la falsification
de la cire des abeilles.

On les produit en grande quantité, principalement dans
le traitement des goudrons de pétrole, et, par des purifications bien comprises, on est arrivé à les livrer dans un grand
état de pureté.

Suivant le mode d'obtention, leur point de fusion peut varier
de 38° à 74° et leur densité de 0,869 à 0,912 environ (1). Pour
la falsification des cires, on emploie surtout les paraffines à
point de fusion élevé.

(1) Bulletin de la Société chimique de Paris, 1867, t. 7, p. 421.

Voici l'analyse de deux échantillons, parfaitement blancs, pouvant servir à cet usage.

		Point de fusion	Acides solubles dans l'eau en milligr. de KHO pour 1 gr. du produit	Acides libres en milligr. de KHO pour 1 gr. du produit	Totalité des acides en milligr. de KHO pour 1 gr. du produit	Iode fixé pour 100 du produit	Volume d'hydro-gène à 0° et 760 mm. fourni par 1 gr. du produit	Hydro-carbures pour 100 du produit
Paraffine	I	51°,5	0	0	0	1,76	0	100
Id.	II	57°	0	0	0	3,15	0	100

Les paraffines renferment donc une plus forte proportion d'hydrocarbures non saturés que les cires minérales proprement dites. A part cela, elles se comportent exactement comme les cires minérales ; elles sont entièrement formées d'hydrocarbures et ne donnent aucun résultat dans les différents dosages que comprend notre méthode, si ce n'est dans celui des hydrocarbures. La chaux potassée elle-même n'attaque pas les carbures qu'elles renferment; dans les conditions où nous opérons, on n'observe, en effet, aucun dégagement gazeux.

Mélangées à la cire des abeilles, les cires minérales et les paraffines ne modifieront donc en rien les réactions ; elles se comporteront comme des produits inertes, donneront à chaque dosage un résultat négatif, sauf à celui des hydrocarbures ; il sera donc très facile de déceler leur présence.

§ III. — Cire du suint du mouton

La graisse du suint du mouton, qu'on obtient en grande quantité, dans notre région, dans le lavage des laines, est d'une nature toute particulière. Elle ne contient pas de glycérine ; elle est composée principalement d'éthers neutres, formés par la combinaison d'acides gras avec des alcools solides, insolubles dans l'eau. Elle rappelle, en un mot, par sa composition, les cires, le blanc de baleine, etc.

Comme acides gras, la graisse du suint renferme les acides palmitique, stéarique, oléique, et, ainsi que nous l'avons montré (1), une quantité importante d'acides gras cireux, notamment l'acide cérotique, à l'état de cérotate de céryle. Les alcools qu'elle contient sont la cholestérine, l'isocholestérine et des alcools gras de la série $C^nH^{2n+2}O$, à poids moléculaire élevés parmi lesquels ceux des cires, entre autres, l'alcool cérylique.

Par des traitements industriels, sur lesquels nous reviendrons dans un travail spécial, on extrait de cette graisse ces principes cireux qui peuvent être employés comme cire ou du moins être mélangés à la cire des abeilles, dont ils possèdent la plupart des propriétés.

Le point de fusion de ces produits est très voisin de celui des cires. Ils sont complètement solubles dans l'alcool chaud et facilement saponifiés par la potasse alcoolique, où ils se dissolvent sans résidu; par refroidissement la solution des savons se prend en masse comme de l'empois, absolument comme la cire des abeilles dans les mêmes conditions.

Voici l'analyse de deux échantillons de cette cire du suint, produite industriellement dans le peignage de laine de MM. Isaac Holden et C^io, à Croix, près Roubaix (Nord), et que nous devons à l'obligeance de M. Goblet, chimiste de la maison.

	Point de fusion	Acides solubles dans l'eau en milligr. de KHO pour 1 gr. de cire	Acides libres en milligr. de KHO pour 1 gr. de cire	Totalité des acides en milligr. de KHO pour 1 gr. de cire	Iode fixé pour 100 de cire	Volume d'hydrogène à 0° et 760 mm. fourni par 1 gr. de cire	Hydro-carbures pour 100 de cire
Cire du suint I.	62°5	o	96,9	102	18,50	o	17,94
Id. II.	66°	o	115	119	13,19	o	13,98

(1) Bulletin de la Société chimique de Paris, t. 42, p. 201.
Bulletin scientifique du département du Nord, 1883, p. 97 et p. 178.
    id.   id.   id. 1884-1885, p. 106 et p. 133.

Ce qui caractérise la matière cireuse extraite du suint, c'est la forte proportion d'acides libres, cireux, qu'elle renferme ; ceux-ci prennent naissance, par la décomposition des éthers, dans la distillation de la graisse brute, une des opérations que comprend le traitement industriel.

Elle ne donne pas de dégagement gazeux par l'action de la chaux potassée ; cependant, le produit de la réaction, épuisé à l'éther, comme il a été dit précédemment, fournit une quantité importante d'une substance, que nous faisons figurer, par suite des conditions dans lesquelles elle est obtenue, dans la colonne des hydrocarbures ; en réalité, c'est un mélange des cholestérines, d'alcools et d'hydrocarbures, qui ne sont pas attaqués par la potasse et la chaux potassée, à 250°. Du reste, le produit, extrait par l'éther de la masse résultant de la réaction, se présente sous forme d'une matière brune, visqueuse, qui ne ressemble en rien aux hydrocarbures de la cire des abeilles.

Acides gras cireux du suint. — D'autres procédés de traitement, susceptibles aussi d'application industrielle, permettent d'extraire de la graisse du suint les acides gras cireux qu'elle renferme ; on obtient ainsi un produit absolument blanc, sans odeur, ressemblant tout à fait à la cire des abeilles blanchie, et qui peut servir avantageusement à la falsifier.

Voici l'analyse de trois échantillons d'acides cireux du suint.

		Point de fusion	Acides solubles dans l'eau en milligr. de KHO pour 1 gr. du produit	Acides libres en milligr. de KHO pour 1 gr. du produit	Totalité des acides en milligr. de KHO pour 1 gr. du produit	Iode fixé pour 100 du produit	Volume d'hydrogène à 0° et 760 mm fourni par 1 gr. du produit	Hydro-carbures pour 100 du produit
Acides gras	I	50°,5	0	185,4	189,3	2,78	0	0
cireux	II	54°	0	173,4	178,5	2,81	0	0
du Suint	III	62°	0	155,7	158,9	2,63	0	traces

Cette matière cireuse extraite de la graisse du suint, ne renferme donc pas ces produits, qu'on trouve dans la cire de même origine, et qui ont été comptés comme hydrocarbures. Les résultats, consignés dans le tableau précédent, montrent qu'elle est formée exclusivement d'acides gras à poids moléculaires élevés.

L'addition des produits cireux de la graisse du suint du mouton à la cire des abeilles n'a pas encore, à notre connaissance, été indiquée. Qu'on nous pardonne cependant d'ajouter à la liste, déjà si longue, des substances employées à falsifier la cire cette matière, à laquelle on n'avait peut-être pas encore songé, bien qu'elle s'y prête admirablement; si nous donnons, en effet, aux falsificateurs ce nouveau produit, nous indiquons en même temps aux chimistes le moyen de le reconnaître.

§ IV. — Produits divers

Blanc de baleine. — Le blanc de baleine, à cause de son prix élevé, n'est guère employé à falsifier la cire.

Nous avons cependant examiné ce qu'il donnait par notre méthode, qui peut s'appliquer tout aussi bien à l'analyse de ce corps qu'à celle de la cire des abeilles. Nous résumons ci-dessous les résultats de nos dosages,

	Point de fusion	Acides solubles dans l'eau en milligr. de KHO pour 1 gr. du produit	Acides libres en milligr. de KHO pour 1 gr. du produit	Totalité des acides en milligr. de KHO pour 1 gr. du produit	Iode fixé pour 100 du produit	Volume d'hydrogène à 0° et 760 mm. fourni par 1 gr. du produit	Hydro-carbures pour 100 du produit
Blanc de baleine	46°,5	o	o	129,6	1,28	84cc,4	o

Le blanc de baleine est peu soluble dans l'alcool froid, soluble dans l'alcool chaud et le chloroforme et facilement saponifiable par la potasse alcoolique.

Le volume d'hydrogène qu'il fournit, par l'action de la chaux potassée, permet de calculer la proportion d'éthal ou alcool palmitique qu'il contient.

Suif. — Nous avons donné plus haut (page 76) la composition du suif frais et celle du suif exposé à l'air et nous avons suffisamment insisté alors sur les modifications qui se produisent dans ces conditions.

Nous ferons seulement remarquer que la méthode peut servir également à étudier la composition des suifs; elle permet notamment de déterminer leur degré de rancidité, de doser la quantité d'acides gras, d'acide oléique et de glycérine qu'ils renferment.

Ajoutons que le suif, suivant la matière première qui l'a fourni, fond de 42° à 50°; sa densité varie de 0,881 à 0,942.

Acide stéarique. — L'acide stéarique est quelquefois ajouté frauduleusement à la cire des abeilles blanchie. Son point de fusion, qui ne s'éloigne pas considérablement de celui de la cire, permet de l'employer à cet usage.

L'acide stéarique est soluble dans l'alcool bouillant, beaucoup moins soluble dans l'alcool froid. La potasse alcoolique le dissout à chaud, mais le savon formé est peu soluble à froid.

Voici les résultats fournis par un échantillon d'acide stéarique du commerce, qu'on vend sous le nom de stéarine.

	Point de fusion	Acides solubles dans l'eau en milligr. de KHO pour 1 gr. du produit	Acides libres en milligr. de KHO pour 1 gr. du produit	Totalité des acides en milligr. de KHO pour 1 gr. du produit	Iode fixé pour 100 du produit	Volume d'hydrogène à 0° et 760 mm. fourni par 1 gr. du produit	Hydro-carbures pour 100 du produit
Acide stéarique	55°,5	o	204	209	4,03	o	o

On trouve quelquefois des nombres plus faibles; certains auteurs citent, par exemple, pour la totalité des acides, le nombre

195. L'acide stéarique du commerce est, en effet, un produit de composition un peu variable; il peut renfermer des acides gras différents, suivant la matière première dont il provient.

Cette méthode, appliquée à l'étude des acides gras, préparés industriellement, permet d'établir leur degré de pureté; elle indique si le produit est complètement débarrassé d'éthers neutres, et la quantité d'acides fluides, non saturés, d'acide oléique, qu'il renferme.

Résine ou Colophane. — La résine est encore un produit qu'on ajoute quelquefois à la cire des abeilles; on l'emploie seule ou mélangée à l'un des produits précédents; elle peut servir notamment à élever le point de fusion d'un mélange qui fond un peu trop bas.

La résine, on le sait, est le résidu de la distillation de la térébenthine; elle est soluble dans l'alcool, l'éther, le chloroforme, etc. Elle se ramollit vers 70° et fond vers 135°. Sa densité est en moyenne de 1,070; elle varie de 0,986 à 1,108 (1).

Elle est constituée par un mélange d'acides résineux, les acides pimarique, sylvique, etc.; aussi, se dissout elle complètement dans la potasse alcoolique.

Voici les résultats fournis par l'analyse d'un échantillon de résine du commerce.

	Point de fusion	Acides solubles dans l'eau en milligr. de KHO pour 1 gr. du produit	Acides libres en milligr. de KHO pour 1 gr. du produit	Totalité des acides en milligr. de KHO pour 1 gr. du produit	Iode fixé pour 100 du produit	Volume d'hydrogène à 0° et 760 millim. fourni par 1 gr. du produit	Hydrocarbures pour 100 du produit
Résine.	o	o	168	178	135,6	34^{cc},9 à 260° 58^{cc},7 à 300°	o

Certains auteurs citent des nombres un peu différents. Ceci n'a rien d'étonnant, la composition du produit variant

(1) Jahresbericht der chemischen Technologie, 1879, p. 1161 et 1882, p. 1028.

avec l'origine et le mode de fabrication. Ainsi, pour le titre des acides libres, on a trouvé de 130 à 146 ; pour la totalité des acides, de 146 à 194 ; et pour le titre d'iode, de 109 à 116, après un contact de 6 heures avec un excès d'iode (1).

L'absorption de l'iode n'est pas instantanée, et un contact de six heures est insuffisant. Nous avons laissé douze heures ; c'est ce qui explique notre nombre un peu plus élevé, mais plus exact. Quoiqu'il en soit, la résine absorbe, on le voit, une forte proportion d'iode ; ceci indique qu'elle est très riche en acides non saturés ; c'est surtout par là qu'elle diffère des produits étudiés précédemment. Ce nombre est caractéristique de la résine.

La chaux potassée agit à chaud sur la résine et il y a dégagement d'hydrogène ; mais, comme on le voit, la réaction n'est pas terminée à 250°, température que nous avons adoptée pour cette réaction et qui est suffisante pour les produits précédents. Pour la résine, il faut chauffer plus fort, aller jusqu'à 300° ; à 250° le dégagement d'hydrogène ne s'arrête pas. C'est un premier caractère qui peut servir pour distinguer la résine de la cire des abeilles et pour établir sa présence dans un mélange.

Le produit de la réaction par la chaux potassée, traité par l'éther, fournit une certaine quantité d'une substance qu'on pourrait prendre pour des hydrocarbures, mais qui s'en distingue facilement ; elle est, en effet, soluble dans l'eau. Ce sont des sels alcalins, solubles dans l'éther, des acides de la résine ; c'est là encore un fait particulier à ce produit.

On voit par ce qui précède que la résine est, de toutes les substances employées à la falsification des cires, celle qui s'en écarte le plus, par la façon dont elle se comporte dans nos différents dosages et par les résultats qu'elle fournit.

(1) Dingler's Polytechnisches Journal, t. 234, p. 79. Jahresbericht der chemischen Technologie, 1879, p. 1162, et Zeitschrift für angewandte Chemie, 1889, p. 35.

	Point de fusion	Acides solubles dans l'eau en milligr. de KHO pour 1 gr. du produit	Acides libres en milligr. de KHO pour 1 gr. du produit	Totalité des acides en milligr. de KHO pour 1 gr. du produit	Iode fixé pour 100 du produit	Volume d'hydrogène à 0° et 760 millim. fourni par 1 gr. du produit	Hydro-carbures pour 100 du produit
Cire du Japon.........	47° à 54°	2	18 à 28	216 à 222	6 à 7,55	69^{cc} à 71^{cc}	0
Cire de Chine	53°,5	2	22	218	6,85	72^{cc},3	0
Cires végétales.......	47° à 54°	2	17 à 19	218 à 220	6,6 à 8,2	73^{cc} à 74^{cc}	0
Cire de Carnauba	83°,5	0	4 à 6	79 à 82	7 à 9	73^{cc} à 76^{cc}	1,6
Cires minérales	60° à 80°	0	0	0	0 à 0,6	0	100
Paraffines.............	38° à 74°	0	0	0	1,7 à 3,1	0	100
Cire du Suint	62° à 66°	0	95 à 115	102 à 119	13 à 18,5	0	14 à 18
Acides cireux du suint	50° à 62°	0	155 à 185	159 à 189	2,6 à 2,8	0	0
Blanc de baleine	46°,5	0	0	130	1,28	84^{cc},5	0
Suif...................	42° à 50°,5	0	2,75 à 5	196 à 213	27 à 40	52^{cc} à 60^{cc}	0
Acide stéarique........	55°,5	0	204	209	4	0	0
Résine........	—	0	168	178	135,6	35^{cc}	0

Nous résumons, dans le tableau ci-contre (page 106), les résultats obtenus avec les différents produits employés à falsifier la cire des abeilles.

Ces nombres étant établis, nous allons montrer le parti qu'on peut en tirer, dans l'essai des cires, pour caractériser la présence de ces substances, lorsqu'elles ont été ajoutées frauduleusement à la cire des abeilles.

A. & P. BUISINE

VII

ESSAI DE LA CIRE DES ABEILLES

Il est peu de corps pour lesquels on ait proposé autant de procédés d'analyse que pour la cire des abeilles. Cela tient évidemment à la nature très complexe de cette substance et au grand nombre de produits que les fraudeurs ont à leur disposition pour la falsifier.

La plupart de ces procédés, il est vrai, n'ont aucune valeur ou ne peuvent être appliqués qu'à la recherche de telle ou telle falsification, considérée par les auteurs; ils ne donnent généralement que des indications insuffisantes et ne permettent pas de conclure avec certitude à la pureté du produit ou à la présence d'une matière étrangère déterminée. En tous cas, aucun ne peut être appliqué d'une façon générale à la recherche de toutes les falsifications dont la cire est l'objet; aucun, en un mot, ne résout complètement le problème.

Un certain nombre de ces procédés sont basés sur l'examen des propriétés physiques du produit, densité, point de fusion; d'autres, sur l'emploi de divers dissolvants; d'autres reposent sur certaines réactions spéciales à la cire. On a fait aussi quelques tentatives dans le but d'établir des méthodes géné-rales, systématiques, d'analyse de la cire et en particulier pour rechercher les corps étrangers qu'elle peut renfermer. On a donné enfin des méthodes basées sur le dosage de certains principes de la cire.

Nous allons montrer ce que valent ces procédés.

§ I. — Procédés basés sur la détermination du point de fusion

La cire des abeilles pure fond à une température constante, qui est située entre 62° et 63° pour les cires brutes, et ne dépasse pas 64° pour les cires blanches.

La détermination du point de fusion de l'échantillon à analyser donne déjà certains renseignements au sujet de sa pureté et peut, dans certains cas, mettre sur la voie de la fraude.

D'une façon générale, le suif, l'acide stéarique, les paraffines, la cire de Chine, la cire du Japon et les cires végétales abaissent le point de fusion; les cires minérales, la cire de Carnauba et la résine l'élèvent. Cependant, le point de fusion ne peut accuser que les fraudes grossières, l'addition de suif, par exemple; l'addition de cire minérale, de cire du Japon, etc, dont les points de fusion s'éloignent peu de celui des cires d'abeilles, ne peut être décelée ainsi.

Mène (1) a montré, par exemple, qu'on ne pouvait même pas reconnaître de cette façon 90 % de cire du Japon, fondant à 52°-54°, dans la cire des abeilles. Le procédé ne peut pas non plus être appliqué à la recherche de la paraffine, puisque celle-ci, suivant sa provenance et son mode de préparation, peut présenter, on l'a vu, des points de fusion très différents, variant de 38° à 60°.

La détermination du point de fusion est cependant un moyen assez commode pour caractériser le suif; on peut ainsi déceler

(1) Comptes rendus des séances de l'Académie des Sciences, t. LXXVIII, p. 1544.

la présence de 1/8 de suif dans la cire des abeilles, soit 12,5 pour cent, mais pas moins.

Voici un tableau, dressé par Lepage, qui donne les points de fusion des mélanges de cire et de suif, faits dans différentes proportions.

Point de fusion.

Cire jaune pure.			64°
Cire jaune renfermant son poids de suif.			59° à 60°
Cire jaune renfermant 1/3 de son poids de suif . .			60°
Id.	1/4	id.	61°
Id.	1/6	id.	62°
Id.	1/8	id.	63°
Id.	1/10	id.	63° à 64°
Id.	1/12	id.	64°
Id.	1/16	id.	64°
Id.	1/20	id.	64°

Mais, le suif n'a pas un point de fusion constant; celui-ci varie de 42° à 50°; ceci enlève toute valeur au procédé. En outre, les falsificateurs peuvent compenser cet abaissement du point de fusion par l'addition d'autres produits, capables de le relever au degré voulu. La cire de Carnauba, par exemple, peut être employée avantageusement dans ce but; c'est ce qui ressort du tableau ci-contre (page 111), dressé par Valenta, qui donne les points de fusion des mélanges, faits dans différentes proportions, de cire de Carnauba avec la paraffine, l'acide stéarique et la cire minérale (1).

Cependant le point de fusion est une détermination qu'il ne faut jamais négliger de faire; c'est un contrôle facile de la pureté de la cire et c'est, en outre, un bon moyen pour caractériser certaines falsifications, l'addition de cire de Carnauba, par exemple, qui, comme on le verra, ne peut être bien mise en évidence que par ce caractère.

(1) Jahresbericht der chemischen Technologie, 1883, p. 1248.

		Point de fusion.
Cire de Carnauba		85°
Acide stéarique.		58°,5
Cire minérale		72°,1
Paraffine		60°,1
Acide stéarique	**Cire de Carnauba**	
95 %	5 %	69°,7
90	10	73°,7
85	15	74°,5
80	20	75°,2
75	25	75°,8
Cire minérale	**Cire de Carnauba**	
95 %	5 %	79°,1
90	10	80°,5
85	15	81°,6
80	20	82°,5
75	25	82°,9
Paraffine	**Cire de Carnauba**	
95 %	5 %	73°,9
90	10	79°,2
85	15	81°,1
80	20	81°,5
75	25	81°,7

§ II. — Procédés basés sur la détermination de la densité.

La détermination de la densité a été souvent proposée pour rechercher les falsifications de la cire des abeilles, mais elle ne donne guère d'indications plus précises que le point de fusion.

La densité des cires jaunes oscille entre 0,9625 et 0,9675; celle des cires blanches reste dans les mêmes limites (1).

L'addition d'acide stéarique, de résine, des cires végétales, du Japon, de Chine, etc., et de cire de Carnauba augmente la densité; le suif, la paraffine, la cérésine, au contraire, la diminuent.

La densité de la cire peut être prise par la méthode du flacon (2); mais, divers auteurs ont décrit des modes opératoires qui facilitent et rendent très pratique cette détermination (3).

H. Hager (4) fait fondre dans une capsule quelques grammes de la cire à essayer, qu'il fait alors couler goutte à goutte sur une plaque de verre, maintenue sur de l'eau froide. Il faut rejeter toutes les gouttes de cire contenant des bulles d'air, ce qui se voit aisément. L'auteur détermine la densité par la méthode, bien connue, qui consiste à faire un mélange d'eau et d'alcool tel que les gouttes de cire restent suspendues au sein du liquide, sans présenter de tendance à monter ou à descendre.

Legrip et Hardy (5) ont appliqué la méthode à la recherche du suif. La cire pure reste en suspension dans de l'alcool marquant 29° à l'alcoomètre de Gay-Lussac; la densité de ce liquide, qu'on trouve dans les tables (6), est de 0,9668; pour le suif, dont la densité est plus faible, il faut, d'après Legrip, de l'alcool à 46°, dont la densité est 0,9422.

D'après cela, si on détermine le degré que doit avoir l'alcool pour que l'échantillon à examiner flotte dans le liquide, on peut en déduire la quantité de suif qu'il contient, lorsque la cire a été falsifiée seulement avec du suif.

(1) Moniteur scientifique du docteur Quesneville. 1890. t. 4, 1re partie, p. 494.
(2) Moniteur scientifique du docteur Quesneville, 1873, p. 78.
(3) Journal de chimie et de pharmacie, 1886, p. 203 et Chateau, *Corps gras industriels*, p. 345.
(4) Chemical News, t. 42, p. 181.
(5) Moniteur scientifique du docteur Quesneville, 1873, p. 823.
(6) Agenda du chimiste, page 52.

En considérant une cire pure qui flotte dans de l'alcool à 29°, d'une densité de 0,9668, et un suif qui flotte dans de l'alcool à 46°, d'une densité de 0,9422, Legrip (1) a dressé le tableau suivant.

Composition du mélange		Degré de l'alcoomètre	Densité
Cire	Suif		
100	0	29°	0,9668
75	25	33°,3	—
50	50	37°,6	—
25	75	41°,7	—
0	100	46°	0,9422

Mais la densité de la cire des abeilles et celle du suif ne sont pas représentées par des nombres fixes et constants; elles varient entre certaines limites, ce dont on ne tient pas compte ici. La méthode ne peut donc donner que des résultats approximatifs.

Hardy (2) a repris la densité des mélanges de cire des abeilles et de suif, faits avec une cire d'une densité égale à la précédente et un suif d'une densité de 0,888. Voici les résultats qu'il obtient.

Composition du mélange		Degré de l'alcoomètre	Densité
Cire	Suif		
100	0	29°	0,9668
75	25	39°	—
50	50	50°	—
25	75	60°	—
0	100	71°	0,888

(1) Chateau, *Corps gras industriels*, p. 346.
(2) Moniteur scientifique du docteur Quesneville, 1873, p. 823,

On voit, par ces exemples, jusqu'à quel point les résultats peuvent varier et le peu de valeur que présentent ces déterminations.

Mène (1) décèle par la densité la présence de la cire du Japon. Voici les résultats qu'il a obtenus avec des mélanges de cire des abeilles et de cire du Japon.

		Densité
Cire du Japon brute		1,002
Cire des abeilles.		0,969

Cire du Japon	Cire des abeilles	
50	50	0,935
75	25	0,901
90	10	0,851

On voit que la densité du mélange est inférieure à celle de chacun des composants et qu'elle s'abaisse à mesure qu'on augmente la proportion de cire du Japon, dont la densité est cependant plus élevée. C'est une nouvelle complication à ajouter à celles que nous venons de signaler.

R. Wagner (2) a appliqué la méthode à la recherche de la paraffine dans la cire, falsification que le point de fusion ne peut indiquer avec certitude, ces produits étant fusibles à des températures très variables.

D'après l'auteur, la densité des paraffines est plus constante que leur point de fusion. Il a pris la densité des paraffines de diverses origines, celles qu'on extrait des lignites, du pétrole, du boghead, des schistes, etc.; les résultats oscillent entre 0,853 et 0,875.

Ceci posé, on peut déduire, de la densité d'un mélange de cire et de paraffine, la proportion des composants. Wagner a donné une table à cet effet.

(1) Comptes rendus des séances de l'Académie des Sciences, t. 78, p, 1544.
(2) Bulletin de la Société chimique de Paris, 1867, t. 7, p. 420 et Dingler's polytechnisches Journal, t. 185, p. 72.

Cire	Paraffine	Densité
0	100	0,871
25	75	0,893
50	50	0,920
75	25	0,942
80	20	0,948
100	0	0,969

Suivant Donath (1), le procédé est susceptible d'une grande précision et on pourrait ainsi déterminer avec certitude 4 % de paraffine dans la cire. Cependant il est permis d'en douter. On trouve maintenant, en effet, dans le commerce des paraffines à point de fusion très élevé, dont la densité sort des limites données par Wagner. La densité des paraffines industrielles peut aller jusqu'à 0,914 ; or, ce sont évidemment celles qu'on emploierait de préférence pour falsifier la cire.

On est ainsi obligé de prendre pour la densité des paraffines des limites très larges (0,853 à 0,914), ce qui diminue la sensibilité du procédé.

D'une façon générale, la méthode ne nous paraît pouvoir être employée que pour établir quantitativement, et encore d'une façon plus ou moins approximative, la composition d'un mélange, dont on connaît déjà la nature des composants ; il faut, en outre, pour l'appliquer, avoir ceux-ci à sa disposition, à moins qu'une table de la densité de leurs mélanges ait été dressée expérimentalement.

H. Hager (2) a déterminé la densité de différents mélanges.

(1) Moniteur scientifique du docteur Quesneville, 1873, p. 81.
(2) Jahresbericht der chemischen Technologie, 1879, p. 1160.

Voici quelques uns de ses résultats :

	Densité
Cire jaune pure	0,959 — 0,962
Cire jaune et résine, en parties égales	0,973 — 0,976
Cire jaune et paraffine, en parties égales	0,916 — 0,919
Cire jaune 66 % et cérésine jaune 33 %	0,942 — 0,943
Cire blanche (densité 0,963) et acide stéarique (densité 0,963), en parties égales	— 0,975

E. Dieterich (1) a donné un tableau indiquant la densité des mélanges de cire et de cérésine.

Cire jaune, densité 0,963	Cérésine jaune, densité 0,922	Densité du mélange	Cire blanche, densité 0,973	Cérésine blanche, densité 0,918	Densité du mélange
90	10	0,961	90	10	0,968
80	20	0,957-0,958	80	20	0,962
70	30	0,953	70	30	0,956
60	40	0,950	60	40	0,951
50	50	0,944	50	50	0,946
40	60	0,937	40	60	0,938
30	70	0,933	30	70	0,934
20	80	0,931	20	80	0,932
10	90	0,929	10	90	0,930

A. H. Allen (2) a pris la densité de la cire des abeilles et des produits qui servent à la falsifier ; à différentes températures il a opéré entre 15° et 18°, puis entre 98° et 99°. C'est une nouvelle donnée intéressante, qu'on trouvera dans le tableau suivant.

(1) Jahresbericht der chemischen Technologie, 1882, p. 1028.
(2) Jahresbericht der chemischen Technologie, 1886, p. 1072.

	Densité de 15° à 18°	Densité de 98° à 99°
Cire jaune des abeilles... ...	0,963	0,822
La même, blanchie à l'air......	0,961	0,818
Blanc de baleine	0,942	0,808
Cire de Carnauba.............	—	0,842
Cire de Chine	—	0,810
Cire du Japon	0,980 à 0,993	0,875 à 0,877
Suif...........................	—	0,861
Acide stéarique..........	—	0,830
Paraffine ....♦.....	0,909	0,753

Des déterminations du même genre ont été faites sur la cire du Japon. D'après O. Kleinstück (1), la cire du Japon flotte sur de l'eau, maintenue à une température supérieure à 18° et gagne le fond si la température tombe au-dessous de 15°.

L'auteur a pris le coefficient de dilatation de la cire du Japon ; un cylindre de 625 millim. se dilate de 4 millim. entre — 6° et + 22°; dans les mêmes conditions la cire des abeilles s'allonge de 3 millim.

A 7°,2 la densité de la cire du Japon est 1,007; elle s'abaisse graduellement et, à 26°,5, elle est 0,986.

En résumé, la détermination de la densité de l'échantillon à examiner, de même que celle du point de fusion, ne donne pas d'indications bien précises, concernant la nature et la proportion des substances ajoutées à la cire des abeilles; il ne faut, en tout cas, la considérer que comme un essai préliminaire, capable de mettre sur la voie de la fraude.

(1) Chemiker Zeitung, 1890, p. 1303.

§ III. — Procédés basés sur l'emploi des dissolvants.

La façon dont se comporte la cire des abeilles en présence des différents dissolvants a aussi été appliquée pour la recherche de certaines falsifications.

La cire étant complètement soluble dans quelques liquides, le chloroforme, les benzols, l'essence de térébenthine, etc., on se sert d'abord de cette propriété pour séparer certains produits étrangers, minéraux ou organiques, tels que la craie, le plâtre, le talc, les argiles, les ocres, l'amidon, la fécule, etc., qu'on a pu y ajouter et dont on recherche alors la nature par les procédés connus.

Fehling (1) a proposé l'emploi de l'alcool pour la recherche de l'acide stéarique. Il traite la cire, pendant 3/4 d'heure environ, par 20 fois son poids d'alcool bouillant; il abandonne ensuite le liquide plusieurs heures, jusqu'à complet refroidissement, puis filtre et étend d'eau la liqueur filtrée; si la cire est pure, le liquide reste limpide; mais, si elle est additionnée d'acide stéarique, celui-ci, resté en solution, se sépare quand on ajoute de l'eau, et il se produit, soit un précipité net, soit un trouble laiteux très prononcé.

Mais la cire des abeilles n'est pas complètement insoluble dans l'alcool, même à froid; de plus, certaines autres cires et aussi les paraffines, la résine, etc., qu'on a pu y ajouter, sont plus ou moins solubles dans l'alcool froid et se comporteraient, par conséquent, comme l'acide stéarique.

Lorsqu'on traite de la même manière de la cire contenant 10 % de suif, on obtient aussi un trouble par l'addition d'eau; mais une égale quantité d'acide stéarique produirait un précipité beaucoup plus abondant, et, avec un peu d'habitude, d'après

(1) Dingler's polytechnisches Journal, t. CXLVII, p. 227, et Moniteur scientifique du docteur Quesneville, 1873, p. 79.

l'auteur, on ne saurait s'y méprendre. Cependant on peut, pour plus de sûreté, avoir recours à l'emploi de l'acétate de plomb; ce réactif, versé dans une autre portion de la liqueur filtrée, produit, lorsque le liquide contient de l'acide stéarique, un précipité notable, tandis que, si la cire est pure ou ne contient que du suif, il ne se dépose que des flocons jaunâtres.

La résine, qui est soluble dans l'alcool, peut être séparée par ce dissolvant. On chauffe la cire avec 4 à 5 fois son poids d'alcool, on laisse refroidir et on filtre; la résine reste en dissolution et on l'obtient par évaporation du dissolvant.

Pour découvrir la présence de la cire végétale dans la cire des abeilles, Robineau (1) profite de la différence de solubilité des deux cires dans l'éther; mais il faut s'assurer d'abord de l'absence de l'acide stéarique et du suif.

La cire des abeilles, traitée par l'éther, laisse 50 % de résidu; la cire végétale en laisse à peine 5 %. Avec ces données, on peut calculer la composition d'un mélange des deux cires, lorsque, après l'avoir traité par l'éther, on a déterminé la proportion du résidu insoluble.

Marchand (2) critique le procédé. D'après lui, la cire des abeilles se dissout en proportions variables dans l'éther, suivant que celui-ci est plus ou moins pur, contient plus ou moins d'alcool. En outre, les différentes variétés de cires végétales ne se comportent pas de même avec ce dissolvant; ainsi, la cire du Japon lui a toujours donné 16,7 % de résidu insoluble. Enfin, ces cires, à l'état de mélange, ont des solubilités différentes de celles qu'elles possèdent lorsqu'elles sont prises isolément; la présence de la cire végétale, notamment, augmente la solubilité de la cire des abeilles dans l'éther.

Ces procédés, basés sur l'emploi des dissolvants, reposent

(1) Répertoire de chimie appliquée, 1861, t. 3, p. 32 et 1862, t. 4, p. 62.
(2) Répertoire de chimie appliquée, 1861, t. 3, p. 61.

donc sur des données très incertaines et les résultats qu'ils
fournissent sont sujets à varier avec les conditions et le mélange considéré. On ne peut, par conséquent, leur accorder
une grande confiance et on ne doit les appliquer que dans
des conditions particulières bien définies.

§ IV. — **Procédés divers.**

On a proposé de nombreux procédés particuliers pour
rechercher les falsifications les plus courantes de la cire des
abeilles ; nous n'indiquerons que les principaux.

Pour déceler la présence du suif, on a d'abord la formation
d'acroléine, facile à constater par l'odeur qui se dégage dans
la distillation sèche du produit.

Pour caractériser le suif, on peut, selon Donath (1), mettre la
glycérine en évidence, en se basant sur la propriété qu'elle
possède de dissoudre l'hydrate d'oxyde de cuivre ou de fer en
présence de la potasse. On saponifie environ 25 gr. de la
cire à analyser, en la traitant par une solution concentrée de
potasse ; on précipite par l'acide sulfurique faible et on sépare
par filtration la cire et les acides gras précipités. On neutralise
la liqueur filtrée par le carbonate de baryte ; on filtre, on
évapore, et on reprend par l'alcool, qui laisse par évaporation
la glycérine. En ajoutant au résidu quelques gouttes d'une
solution de sulfate de cuivre et de potasse, on a alors une
coloration bleue.

Benedikt et Zsigmondy (2) proposent de doser la glycérine,
ainsi isolée du produit, par le permanganate de potassium, en
solution alcaline. On trouvera le détail du procédé dans le Bulletin de la Société chimique de Paris (3).

(1) Bulletin de la Société chimique de Paris, 1873, t. XIX, p. 134.
(2) Jahresbericht der chemischen Technologie, 1885, p. 1103.
(3) Bulletin de la Société chimique de Paris, 3ᵉ série, t. 2, p. 57.

En multipliant par 10 la quantité de glycérine obtenue on a, approximativement, le poids du suif ajouté. Le suif donne, en effet, par cette méthode, de 9,9 à 10,2 °/₀ de glycérine ; la cire des abeilles n'en renferme pas trace ; la cire du Japon, de 10,3 à 11,2 °/₀, etc.

Les auteurs appliquent aussi ce procédé au dosage du suif dans les cires blanches. Nous croyons devoir faire quelques réserves à ce sujet ; nous avons montré, en effet, que le corps gras ajouté à la cire subissait certains changements et disparaissait en partie dans le cours du blanchiment.

Gottlieb (1) a donné un autre procédé pour déceler la présence du suif ; il applique la propriété qu'à l'oléate de plomb d'être soluble dans l'éther.

On procède de la manière suivante. La cire est d'abord saponifiée par une lessive de potasse et le savon formé est décomposé par l'acide sulfurique étendu. La matière grasse séparée est maintenue en fusion au bain marie et traitée par de la litharge finement pulvérisée. Le savon de plomb obtenu est épuisé à l'éther. Dans la solution éthérée, qui renferme entre autres produits, et l'oléate de plomb, on constate la présence du plomb par l'hydrogène sulfuré.

Cependant, lorsqu'on soumet de la cire pure au traitement précédent, l'éther enlève une petite quantité d'oxyde de plomb et le liquide est toujours faiblement coloré par l'hydrogène sulfuré ; mais, si le suif a été ajouté en quantité notable, l'hydrogène sulfuré donne dans la liqueur un abondant précipité noir.

Le précipité, que la cire pure donne dans ces conditions par l'hydrogène sulfuré, est dû à ce qu'elle renferme une petite quantité d'acides de la série oléique, dont les sels de plomb sont solubles dans l'éther.

(1) Bolley et Kopp, *Manuel pratique d'essais et de recherches chimiques,* p. 711.

L'acide oléique disparaissant en grande partie pendant le blanchiment, le procédé Gottlieb ne peut pas non plus être appliqué au dosage du suif dans les cires blanches. Il était précieux cependant d'avoir, un moyen permettant de déterminer la quantité de suif ajouté aux cires qui doivent être blanchies. Notre méthode, on l'a vu, dans le chapitre relatif au blanchiment, permet de faire cette estimation avec une exactitude suffisante.

Pour la recherche de l'acide stéarique, Benedikt (1) fait bouillir la cire suspecte avec une solution de carbonate de soude; par refroidissement, le stéarate de soude se dépose et la liqueur se prend en masse, si le produit renferme de l'acide stéarique.

On a donné beaucoup de méthodes pour déceler la présence de la paraffine dans la cire, falsification très fréquente. Landolt (2) a proposé l'emploi de l'acide sulfurique fumant, qui carbonise la cire sans attaquer la paraffine; celle-ci surnage et se prend par refroidissement en une masse blanche, translucide.

Suivant l'auteur, ce procédé peut, jusqu'à un certain point, être quantitatif.

Les recherches de MM. Dullo et Breitenlohner (3) et de Donath (4) ont montré que la méthode de Landolt n'est applicable que dans des cas assez rares, car certaines espèces de paraffines, probablement celles qui renferment des hydrocarbures non saturés, sont aussi facilement attaquées que la cire par l'acide sulfurique fumant, à 100°, avec production d'acide sulfureux. Du reste, dans ces conditions, elles le sont toutes plus ou moins et le procédé ne peut être appliqué qu'à des cires contenant beaucoup de paraffine.

(1) Benedikt, *Analyse der Fette*, p. 291.
(2) Dingler's polytechnisches Journal, t. CLX, p. 224.
(3) Dingler's polytechnisches Journal, t. CLXXI, p. 59.
(4) Dingler's polytechnisches Journal, 1872, t. CCV, p. 132 et Bulletin de la Société chimique de Paris, t. 19, p. 134.

Lies-Bodart (1) traite la cire paraffinée par l'acide sulfurique en présence d'alcool amylique. Le produit de la réaction, qui renferme la paraffine, les alcools et les acides, ces derniers à l'état d'éthers amyliques, est ensuite attaqué par l'acide sulfurique concentré, à 100°, qui carbonise le tout, sauf la paraffine ; celle-ci, après purification, est pesée. Ce procédé est plus compliqué, plus long et n'est pas plus exact que le précédent.

Hehner (2) chauffe à 130°, pendant 10 minutes, la cire à essayer avec 5 à 10 fois son poids d'acide sulfurique. La réaction a lieu avec dégagement d'acide sulfureux ; il laisse refroidir, enlève la matière grasse non attaquée, mélangée de charbon, qu'il lave à l'eau et épuise ensuite à l'éther, dans un appareil de Soxhlet.

Le produit enlevé par l'éther est traité de nouveau pour carboniser ce qui a échappé au premier traitement. Après lavage, il reprend par l'éther le produit de la réaction et a ainsi la paraffine ajoutée.

Cependant la cire pure ne disparaît pas complètement dans ce traitement par l'acide sulfurique ; il reste toujours un résidu plus ou moins abondant, suivant la façon dont la réaction a été conduite. On peut ainsi obtenir des résultats très différents dans deux opérations consécutives.

La cire, du reste, renferme des carbures d'hydrogène dont une portion seulement, plus ou moins grande suivant le cas, est attaquée par l'acide sulfurique. C'est ce que nous avons constaté.

Pour ces différentes raisons le procédé ne mérite aucune confiance.

Hager (3) sépare la paraffine de la cire minérale par sublimation. La cire est chauffée sur une petite lampe et,

(1) Comptes rendus des séances de l'Académie des Sciences, t. LXII, p. 749.
(2) The Analyst, 1883, t. 8, p. 26.
(3) Journal of the Chemical Society, 1890, p. 422, et 1891, p. 122.

quand des vapeurs commencent à apparaître, il recouvre la capsule d'une petite cloche sur les parois de laquelle elles viennent se condenser. Le sublimé est traité par le soude; il reste insoluble si c'est de la paraffine.

Citons encore le procédé indiqué par Peltz (1) pour séparer la paraffine et la cérésine. Il saponifie la cire par la potasse alcoolique et laisse déposer; la paraffine vient former une couche à la surface.

Allen et Thomson (2), pour rechercher la paraffine, saponifient la cire par la potasse alcoolique et épuisent par l'éther de pétrole le savon, ramené à sec avec du sable. La cire des abeilles donne ainsi 52,38 °/₀ de produit non saponifiable, la cire de Carnauba 54,87 °/₀ et la cire du Japon 1,14 °/₀. Si la cire examinée est additionnée d'hydrocarbures, ces nombres sont naturellement plus élevés.

Au lieu d'épuiser le savon séché par l'éther de pétrole, Hager (3) agite à plusieurs reprises sa solution aqueuse avec de l'éther ordinaire.

Pour doser la paraffine ajoutée à la cire, Horn (4) saponifie le produit et épuise le savon, séché en présence de matière inerte, sable ou amiante, par le chloroforme, qui enlève les alcools et les hydrocarbures. Il traite ensuite ce mélange par l'anhydride acétique, qui donne, avec les alcools de la cire, des acétates, solubles dans l'excès d'anhydride. Il recueille la matière insoluble sur un filtre; ce résidu est séché puis pesé; il est formé par la paraffine, qui n'est pas attaquée dans les réactions précédentes. L'auteur, qui applique ce procédé au dosage des hydrocarbures dans les huiles, ne semble pas tenir

(1) Journal de Pharmacie et de Chimie, 1882, t. 5, p. 154.
(2) Chemical News, t. XLIII, p. 267.
(3) Jahresbericht der chemischen Technologie, 1878, p. 1188.
(4) Zeitschrift für angewandte Chemie, 1888, p. 458 et Bulletin de la Société chimique de Paris, 1889, 3ᵐᵉ série, t. 1, p. 326.

compte des hydrocarbures que la cire des abeilles renferme normalement en quantité importante.

En suivant le procédé de Horn, F. Jean (1) n'a pu arriver à séparer la paraffine ni obtenir une quantité constante pour la partie de la cire soluble dans le chloroforme.

Il recommande le mode opératoire suivant. Le chloroforme tenant en dissolution les alcools de la cire et la paraffine est distillé puis le résidu est desséché à 100° dans une capsule de verre tarée et pesé.

On introduit alors dans un petit ballon un poids connu de ce résidu, laissé par l'évaporation du chloroforme, et on le traite au condenseur à reflux, pendant une heure, avec 4^{cc} à 5^{cc} d'anhydride acétique, pour éthérifier l'alcool mélissique, qui devient soluble dans l'acide acétique cristallisable à chaud. Lorsque l'acétylisation est terminée, on fait passer le produit dans un tube de verre jaugé de 100^{cc} et divisé en dixièmes de centimètre cube ; on rince le ballon avec de l'acid acétique cristallisable bouillant et on verse le tout dans le tube gradué ; le volume de liquide doit être d'environ 9^{cc}. On place alors le tube dans un bain-marie à 90°, on le ferme avec un bouchon et on l'agite fortement, de façon à bien émulsionner les liquides, puis on le remet dans le bain-marie.

Quand la liqueur s'est éclaircie, on lit le volume de matière non dissoute qui surnage l'acide. On renouvelle l'agitation et le passage au bain-marie, jusqu'à ce qu'on obtienne un volume constant de paraffine insoluble dans l'acide acétique ; on calcule son poids, sachant que 1 gr. de paraffine occupe 1^{cc},35 à 1^{cc},4.

L'auteur dose en même temps, par différence, l'alcool mélissique. En défalquant, en effet, le poids de la paraffine du poids du résidu fourni par le chloroforme on a, par diffé-

(1) Revue de Chimie industrielle et agricole, 1890, t. I, p. 216.

rence, le poids de l'alcool mélissique. Mais il commet la même erreur que Horn ; il ne tient pas compte des hydrocarbures contenus dans la cire ; elle en renferme cependant, d'après nos déterminations, de 12,5 à 14,5 %.

Antom Thum (1) a appliqué la méthode de Horn au dosage des hydrocarbures dans la cire. Il a trouvé ainsi, sur un échantillon de cire des abeilles pure, 9 % d'hydrocarbures. Il conviendrait donc de défalquer au moins cette quantité du nombre trouvé par ce procédé, dans la cire examinée, pour avoir sa teneur exacte en paraffine ajoutée.

La résine (2) peut être reconnue par l'odeur de térébenthine que dégage la cire, falsifiée avec ce corps, lorsqu'on la chauffe vers 110° ; mais ce caractère ne doit pas toujours être regardé comme l'indice d'une falsification, parce que la cire, produite par les abeilles qui vivent dans le voisinage des forêts de sapins, prend cette odeur d'une manière évidente.

On peut encore traiter la cire ainsi falsifiée par l'acide nitrique concentré et bouillant, qui dissout la résine avec dégagement de vapeurs nitreuses ; l'eau précipite de cette solution une substance floconneuse jaune, qui se colore en rouge brun par l'ammoniaque. La cire pure, dans les mêmes conditions, prend seulement une teinte jaune.

D'après Schmidt (3), on peut reconnaître ainsi 10 % de résine dans la cire.

§ V. — Méthodes générales d'essai de la cire.

Divers auteurs ont indiqué des méthodes générales, systématiques, pour l'essai de la cire des abeilles, qui reposent, pour la plupart, sur les réactions données précédemment.

(1) Chemiker Zeitung, 1890, p. 1708.
(2) Dingler's polytechnisches Journal, t. CCV, 1872, p. 133.
(3) Bulletin de la Société chimique de Paris, 1877, t. 28, p. 422.

Donath (1), se basant sur la propriété qu'ont les substances employées à falsifier la cire (la paraffine exceptée), lorsqu'on les soumet à l'ébullition avec une solution concentrée de carbonate de soude, soit de se saponifier partiellement, soit de former une émulsion, qui entraîne une émulsion particle de la cire elle-même, a adopté la marche suivante pour la recherche de ces substances.

On traite une petite quantité de la matière suspecte par une solution bouillante et concentrée de carbonate de soude, pendant cinq minutes environ.

1° Si on a une émulsion, qui persiste après refroidissement, c'est que la cire contient de la résine, du suif, de l'acide stéarique ou de la cire du Japon.

2° La cire surnage après refroidissement et la liqueur est légèrement jaunâtre ; dans ce cas, la cire est pure ou renferme de la paraffine.

Dans le premier cas, si, en faisant bouillir quelques minutes la cire avec une solution moyennement concentrée de potasse et en ajoutant du sel marin, il se fait un précipité floconneux, c'est que la cire contient les matières indiquées, sauf la cire du Japon. S'il y a de la cire du Japon, il se fait un magma grenu, facile à reconnaître avec un peu d'habitude. Pour plus de sûreté, on prend la densité de la cire à étudier. Si la densité est supérieure à 0,970, on en conclut à la présence de la cire du Japon.

Quand le précipité est floconneux, on le traite par l'acide nitrique, pour déceler, comme il a été dit, la résine. Si le résultat est négatif, on applique les procédés indiqués pour découvrir l'acide stéarique, puis le suif.

Dans le second cas, on prend la densité du produit ; si elle est moindre que 0,960, c'est que la cire contient de la paraffine.

(1) Dingler's polytechnisches Journal, t. CCV, p. 131.

Hager (1) fait successivement les déterminations suivantes sur l'échantillon à examiner.

1° On prend la densité par la méthode ordinaire.

2° On traite le produit par le chloroforme, qui laisse comme résidu les substances minérales et certains produits organiques, l'amidon, etc.

3° On fait l'essai au borax. Pour cela, on chauffe, dans un tube à essai, 2 gr. environ de cire avec 6 à 8 cc. d'une solution de borax, saturée à froid. On agite de manière à mélanger la masse. Le liquide aqueux devient légèrement trouble si le produit est de la cire des abeilles pure, mais il ne devient jamais laiteux. En laissant refroidir, la cire monte à la surface, laissant la couche aqueuse tout à fait limpide ou seulement opaline.

Si le mélange devenait immédiatement laiteux et restait trouble, même après refroidissement, on pourrait soupçonner la présence de l'acide stéarique, du suif, de la résine, ou de la cire végétale du Japon.

4° On fait l'essai à la soude comme précédemment.

A. Clarency (2) a proposé une méthode du même genre. Il prend d'abord la densité, puis fait l'essai au carbonate de soude; il recommande, en outre, pour la recherche de la résine, le procédé à l'acide azotique; pour le suif, le procédé Gottlieb; pour l'acide stéarique, le procédé de Fehling; et pour la cire végétale, le procédé à l'éther, qui tous ont été décrits plus haut.

Enfin Château (3) indique les réactions que donne la cire des abeilles pure avec les principaux réactifs, l'acide sulfurique à froid et à chaud, le chlorure de zinc, le bichlorure d'étain, le nitrate acide de mercure, l'acide azotique, etc. Ces

---

(1) Chemical News, t. LXII, p. 322, et Moniteur scientifique du docteur Quesneville, 1881, p. 298.

(2) Journal de Pharmacie et de Chimie, 1886, t. XIII, p. 27.

(3) Château, *Corps gras industriels*, p. 349.

réactions sont diversement modifiées par la présence de produits étrangers et peuvent ainsi fournir certaines indications sur la nature de la fraude.

Parmi tous ces procédés, plus ou moins empiriques, les uns sont basés sur des réactions qui manquent tout à fait de précision et n'ont, par suite, aucune valeur; d'autres, sont très compliqués, d'une application difficile, sans avoir le mérite d'une plus grande exactitude. Ils peuvent donc, tout au plus, donner quelques vagues indications sur la qualité du produit et ne doivent être considérés que comme des essais préliminaires, dont il est nécessaire de contrôler les résultats par des méthodes plus précises.

§ VI. — Méthodes basées sur le dosage de certains principes de la cire.

Les premières méthodes, vraiment précises d'analyse de la cire des abeilles, sont celles proposées par Becker, Hehner et Hübl. Ces procédés d'analyse, que nous avons décrits plus haut, reposent sur le dosage de certains principes constituants de la cire, les acides libres et les acides combinés.

Connaissant les proportions suivant lesquelles ces produits entrent normalement dans la composition de la cire des abeilles, on peut déduire des résultats, fournis par l'échantillon examiné, s'il y a eu falsification; dans ce cas, en effet, les nombres seront en dehors des limites fixées précédemment. On peut même, étant donnés les résultats obtenus dans ces deux dosages avec les différentes substances qu'on introduit dans les cires, établir, au moyen des nombres trouvés avec l'échantillon incriminé, quel est le produit dont on s'est servi pour le falsifier et approximativement dans quelle proportion le corps étranger a été ajouté.

Hübl (1) a, en effet, déterminé dans ce but la quantité d'acides libres et d'acides combinés que renferment les principaux produits employés pour falsifier la cire des abeilles. Voici les résultats qu'il a obtenus.

	Acides libres en milligr. de KHO pour 1 gr. du produit	Acides combinés en milligr. de KHO pour 1 gr. du produit	Totalité des acides en milligr. de KHO pour 1 gr. du produit	Rapport des acides libres aux acides combinés
Cire jaune des abeilles.	20 (19 à 21)	75 (73 à 76)	95 (92 à 97)	3,75
Cire de Carnauba	4	75	79	19
Cérésine et paraffines.	0	0	0	0
Cire du Japon.	20 (15 à 24)	200	220	10
Suif de bœuf.	4 (2 à 7)	176	180	44
Acide stéarique.	195	0	195	0

Si donc, dans ces deux déterminations, on obtient des nombres, variant entre 19—21, 73—76, 92—97, avec un rapport variant entre 3,6 et 3,8, et si, en outre, les propriétés physiques du produit coïncident avec celles de la cire des abeilles, il y à des chances pour qu'on ait affaire à une cire pure.

Si les nombres, représentant les acides libres et la totalité des acides, sont respectivement au-dessous de 20 et de 92 et si cependant le rapport reste dans les limites indiquées, c'est que la cire a été additionnée d'un produit neutre, la paraffine, la cérésine, etc. Ainsi, une cire, qui donnera, par exemple, 18 pour les acides libres, 66,5 pour les acides combinés, 84,5 pour la totalité des acides et 3,69 comme rapport des acides

(1) Dingler's polytechnisches Journal, t. CCIL, p. 338.

libres aux acides combinés, aura été falsifiée avec 10 °/₀ de cérésine.

Au contraire, si le rapport des acides libres aux acides combinés est supérieur à 3,8, c'est qu'il y a eu addition de cire du Japon, de cire de Carnauba ou de suif ; si le nombre représentant les acides libres est inférieur à 20, c'est qu'on a introduit de la cire de Carnauba ou du suif et ce dernier est alors mis en évidence par l'augmentation du nombre des acides combinés. Si le rapport est inférieur à 3,6, c'est que l'on a ajouté de l'acide stéarique ou de la résine.

Hehner (1) fait le calcul d'une façon différente. Il évalue les acides libres du produit en acide cérotique et les acides combinés en myricine. Dans la cire des abeilles pure, le rapport de la myricine à l'acide cérotique est 6,117.

Une partie d'acide stéarique correspond à 1,443 d'acide cérotique ; une partie d'acide palmitique, à 1,601 d'acide cérotique et une partie du mélange des deux acides gras, à 1,518 d'acide cérotique ; une partie d'un mélange en proportions égales de palmitine et de stéarine correspond à 2,391 de myricine.

La cire de Carnauba donne, si on calcule ainsi les résultats qu'elle fournit à l'analyse, 6,09 °/₀ d'acide cérotique et 92,18 de myricine.

On a vu que, si on ajoute à la cire les acides gras en question, le nombre représentant les acides libres augmente et, si on ajoute des éthers gras neutres ou des produits neutres, il diminue. Si on a mis de la paraffine, les deux titres diminuent dans la même proportion et on peut calculer la quantité introduite, mais seulement si l'on n'a pas ajouté d'autres produits en même temps.

Il suffit, pour cela, d'ajouter le poids d'acide cérotique trouvé à celui de la myricine ; la différence avec 100 indique la pro-

(1) The Analyst, 1883, p. 16.

portion de paraffine, le total de ces deux principes immédiats de la cire faisant environ 100.

On peut se contenter, du reste, de doser les acides libres; si la proportion d'acide cérotique ainsi obtenue est multipliée par 6,117, on a la quantité de myricine qui, additionnée au premier nombre, donne la teneur pour cent de cire pure; la différence avec 100 est la paraffine, la cérésine ou tout autre corps neutre non saponifiable.

Voyons, par exemple, le cas où on a ajouté à la cire, un mélange complexe, formé d'acides gras, tels que l'acide stéarique, de suif et de paraffine.

Pour arriver au résultat, Hehner commence par doser la paraffine, par la méthode indiquée (page 123); ce procédé malheureusement manque de précision, mais on peut prendre celui que nous avons donné (p. 53), qui est beaucoup plus exact. L'auteur dose ensuite les acides libres et les acides combinés. Au moyen de ces nombres, il calcule alors approximativement la composition du mélange, de la façon suivante :

Soit A la proportion % d'acides libres, contenus dans le mélange, déduction faite de la paraffine, calculés en acide cérotique, et B la proportion % d'éthers gras saponifiables, calculés en myricine.

Représentons par x la quantité réelle %, que nous cherchons, d'acide cérotique contenu dans le mélange, y celle des autres acides gras ajoutés, z la teneur en myricine et ω la proportion de suif.

Considérant les coefficients donnés plus haut, on a :

$$(1) \quad x + 1{,}518\,y = A$$

$$(2) \quad z + 2{,}391\,\omega = B$$

$$(3) \quad z = 6{,}117\,x$$

$$(4) \quad x + y + z + \omega = 100.$$

On tire :

$$\text{de (1)} \quad y = \frac{A - x}{1,518}$$

$$\text{de (3)} \quad z = 6,117\, x$$

$$\text{et de (2) et (3)} \quad w = \frac{B - 6,117\, x}{2,391}$$

En remplaçant y, z et w par leurs valeurs dans l'équation (4) on a :

$$x + \frac{A - x}{1,518} + 6,117\, x + \frac{B - 6,117\, x}{2,391} = 100$$

d'où on tire :

$$x = \frac{362,954 - 2,391\, A - 1,518\, B}{14,151}$$

$$x = 25,649 - (0,1689\, A + 0,1073\, B)$$

Les valeurs de A et de B étant connues, cette équation donne x, la teneur du mélange en acide cérotique. Si on multiplie le nombre ainsi trouvé par 6,117, on a la teneur en myricine. La somme de ces deux résultats donne la proportion de cire, contenue dans 100 parties du mélange.

Si alors on soustrait de A l'acide cérotique réel, trouvé précédemment, et, si on divise la différence par 1,518, on a la quantité d'acides gras ajoutés.

De même, si on soustrait de B la quantité réelle de myricine et si on divise le résultat par 2,391, on a la quantité de suif ajouté.

On obtient ainsi la composition du mélange, considéré sans paraffine, qu'il est facile alors de ramener, par le calcul, au mélange complet, comprenant la paraffine, dosée directement.

Horn (1) a appliqué la méthode à l'analyse de deux cires falsifiées. L'une avait comme point de fusion 68°,2 et l'autre 80°,4.

(1) Chemiker Zeitung, t. 13, p. 831.

La première donnait o comme acides libres et o comme acides combinés ; il en résultait que l'échantillon était de la cérésine pure.

La seconde donnait 0,6 comme acides libres et 14,5 comme acides combinés ; ces résultats écartaient la présence de la cire des abeilles, de la résine et de la cire du Japon, et correspondaient à la cire de Carnauba. En se basant sur les nombres trouvés pour cette cire par Valenta, c'est-à-dire 4 pour les acides libres et 94,8 pour les acides combinés, l'auteur calcule la quantité de cire de Carnauba, qui entre dans le mélange, de la façon suivante :

$$\frac{(14,5 - 0,6) \times 100}{94,8} = 14,7$$

$$\text{et } \frac{0,6 \times 100}{4} = 15$$

D'après cela, l'échantillon renfermait 15 °/₀ de cire de Carnauba et par suite 85 °/₀ de cérésine.

F. Jean (1) a repris le problème déjà traité par Hehner ; il considère comme lui un mélange de cire des abeilles, de paraffine, d'acide stéarique et de suif, dont il établit quantitativement la composition de la façon suivante :

1° Il sépare d'abord l'acide stéarique par la méthode de Fehling (p. 118) ; il traite à l'ébullition 3 ou 4 gr. de la matière à analyser par 60ᶜᶜ d'alcool à 96°, laisse refroidir et dose l'acide resté en solution par une liqueur de soude, en employant la phtaléine du phénol comme indicateur. La cire étant très peu soluble dans l'alcool froid, il n'y a pas lieu, selon lui, de tenir compte de l'acidité de la cire et l'on peut calculer la teneur du mélange en acide stéarique d'après le nombre de centimètres cubes d'alcali normal employés pour le titrage.

La cire des abeilles cependant n'est pas complètement insoluble

(1) Bulletin de la Société chimique de Paris, 3 série, t. 5, p. 3.

dans l'alcool même à froid. D'après nos déterminations, la cire pure, en contact avec de l'alcool, dans les conditions indiquées par l'auteur, cède à ce dissolvant une quantité d'acide qui, calculée en acide stéarique, correspond à 5 % environ du poids de la cire. Il conviendrait donc de défalquer cette quantité du nombre trouvé.

D'un autre côté, l'acide stéarique étant peu soluble dans l'alcool froid, si l'échantillon est riche en ce produit, une portion échappe au dosage. Ainsi, de la cire, additionnée de 25 % d'acide stéarique, traitée par l'alcool dans les conditions indiquées, laisse déposer, par refroidissement, une partie de cet acide. Déjà dans ces proportions la limite de solubilité de l'acide stéarique dans l'alcool froid est dépassée. Il est vrai qu'on pourrait prendre un volume plus grand d'alcool, mais alors on augmente aussi la quantité d'acide enlevé à la cire.

2° Il dose la paraffine par le procédé de Horn, modifié par lui, comme il a été indiqué (p. 125), en mesurant la partie insoluble dans l'acide acétique. Comme nous l'avons montré, il faudrait au moins, pour avoir un nombre exact, déduire du résultat la quantité d'hydrocarbure que renferme normalement la cire.

3° Il prend, par différence, les alcools de la cire (produits auxquels l'auteur donne par erreur dans son article le nom d'acide myricique), en retranchant la paraffine du poids du résidu soluble dans le chloroforme.

4° Il détermine, comme Benedikt (p. 120), la proportion de suif ajouté à la cire, en dosant la glycérine, mise en liberté par la saponification du mélange, au moyen du bichromate de potassium, procédé bien connu (1). Il admet que 5 parties de glycérine anhydre correspondent à 95 parties de suif.

5° Il détermine par différence le poids de la seconde portion

(1) Bulletin de la Société chimique de Paris, 3ᵉ série, t. II, p. 57.

de la cire, qu'il appelle acide cérotique, et qui, en réalité, représente la totalité des acides du produit, les acides cérotique,
palmitique, oléique, etc.

Ces procédés, outre les critiques de détail que nous venons
de faire, ne peuvent s'appliquer qu'aux mélanges considérés par
les auteurs ; les autres produits qu'on peut ajouter à la cire, la résine,
les cires végétales, etc., troubleraient complètement les résultats.

De telles méthodes ne peuvent donc servir que dans des cas
particuliers, bien déterminés ; il faut, par exemple, connaître
d'avance la nature du mélange, ce qui généralement n'est pas
le cas.

§ VII. — **La méthode que nous proposons.**

Les derniers procédés que nous venons de décrire reposent
sur des données plus scientifiques que les précédents et permettent
d'établir plus nettement la pureté du produit ou les falsifications
dont il a été l'objet. Ils permettent, en outre, dans certains
cas, d'établir assez exactement les proportions de produits
ajoutés frauduleusement à la cire des abeilles ; néanmoins, dans
beaucoup de circonstances ils sont encore insuffisants.

La cire des abeilles, en effet, n'a pas, on l'a vu, une composition rigoureusement constante ; ces deux dosages, les acides
libres et les acides combinés, donnent des résultats qui oscillent,
pour les échantillons de diverses origines, dans des limites
assez étendues, ce dont on ne peut tenir compte dans les
calculs, qui exigent l'emploi d'un nombre fixe ; généralement
on prend celui qui représente la moyenne ; la précision de la
méthode est par cela même beaucoup diminuée. Ces limites sont,
en effet, assez étendues pour permettre à certaines fraudes de
passer inaperçues à ces deux déterminations, surtout quand
il s'agit de cires blanchies, pour lesquelles, par suite des modifications importantes apportées dans la composition du produit

par les différents systèmes de blanchiment, on est obligé de prendre des limites plus larges.

Ainsi, on peut ajouter impunément à la cire jusqu'à 10 % de paraffine, de cérésine, de cire de Carnauba, etc. ; les résultats de ces deux déterminations restent dans les limites admises. De plus, certains mélanges complexes, bien étudiés, peuvent donner à ces deux dosages des nombres semblables à ceux que fournissent les cires pures.

Un mélange, formé par exemple de 9,48 parties d'acide stéarique, 38,84 parties de suif et 53,68 parties de paraffine, donne des résultats identiques à ceux fournis par la cire pure. On trouve, en effet, par le dosage des acides libres et des acides combinés, que le produit renferme 14,40 % d'acide cérotique et 88,09 % de myricine. De plus, si on a eu soin de choisir une paraffine d'un point de fusion convenable, on pourra obtenir un mélange dont le point de fusion sera très voisin, ou même identique, à celui de la cire des abeilles.

C'est ainsi, comme nous l'avons fait ressortir plus haut, que nous avons été amenés à faire d'autres déterminations, dans le but de rendre la méthode plus précise et plus générale.

Outre ces deux déterminations, nous en faisons trois autres ; nous prenons le titre d'iode, nous dosons les alcools et les carbures contenus dans l'échantillon à examiner.

Ces dosages fournissent encore, il est vrai, des résultats variables dans certaines limites, avec les divers échantillons de cire des abeilles pure ; mais cet ensemble de déterminations permet, dans tous les cas, de trouver la fraude qualitativement et quantitativement, connaissant bien entendu les nombres que donnent aux mêmes dosages les différents produits employés à faire ces falsifications.

Nous avons fait précédemment toutes ces déterminations et nous avons indiqué les résultats obtenus ; nous allons maintenant montrer le parti que l'on peut en tirer.

On a déjà vu, du reste, une application de la méthode dans ce qui précède; elle permet de caractériser très nettement 3 °/₀ de suif ajouté à la cire pour le blanchiment et cela malgré les modifications produites dans la composition du produit dans le cours de l'opération.

Si on se reporte au tableau que nous avons donné plus haut (page 106), où se trouvent résumés les résultats de ces déterminations, on voit que l'addition de n'importe laquelle de ces substances apporte des modifications plus ou moins profondes dans la composition de la cire. Suivant le produit ajouté, du reste, les modifications sont différentes et on peut ainsi caractériser leur présence.

1° Le point de fusion de la cire des abeilles s'abaisse si on y ajoute les cires végétales, du Japon, de Chine, etc., certaines espèces de paraffines, de l'acide stéarique ou du suif. Il s'élève au contraire, si on y ajoute de la cire de Carnauba, certaines variétés de cires minérales. L'addition de certaines cires minérales, de cire du suint et de mélanges divers peut ne pas changer le point de fusion.

2° Les acides libres diminuent par l'addition de cire minérale, de paraffine, de suif et de cire de Carnauba. Ils augmentent avec la cire du suint, les acides cireux du suint, la résine, l'acide stéarique. Ils restent sensiblement dans les limites admises avec les cires végétales, la cire de Chine, du Japon, etc.

3° La totalité des acides diminue fortement par l'addition de cire minérale, de paraffine, et un peu avec la cire de Carnauba. Ils augmentent légèrement avec la cire du suint et, dans une forte proportion, avec les acides cireux du suint, la résine, le suif, l'acide stéarique et les cires végétales.

4° Le titre d'iode diminue avec les cires minérales, les paraffines, les acides cireux du suint, l'acide stéarique, et, dans une très faible proportion, avec les cires végétales. Il augmente avec la cire du suint, le suif, et surtout la résine. Il reste dans les limites admises avec la cire de Carnauba.

5° Le volume d'hydrogène dégagé par la potasse diminue avec les cires minérales, les paraffines, la cire et les acides cireux du suint, l'acide stéarique et la résine. Il augmente un peu avec les cires végétales et la cire de Carnauba. Il reste dans les limites voulues avec le suif.

6° Les hydrocarbures diminuent dans presque tous les cas, avec les cires végétales, les acides cireux du suint, le suif, l'acide stéarique, la résine et la cire de Carnauba. Ils augmentent seulement avec les cires minérales et les paraffines. Il restent dans les limites voulues avec la cire du suint, mais, dans ce cas, le produit a des propriétés toutes différentes de celles des hydrocarbures de la cire.

Dans certains cas, plusieurs résultats varient en même temps. Ainsi, par l'addition des cires minérales et des paraffines tous les nombres diminuent, sauf celui représentant les hydrocarbures, qui s'élève plus ou moins, suivant la proportion de produit ajouté.

L'acide stéarique et les produits du suint élèvent à la fois les acides libres et les acides combinés, diminuent le volume d'hydrogéne dégagé par l'action de la chaux potassée, les hydrocarbures et même le titre d'iode.

La résine se comporte de même, mais élève le titre d'iode.

Le suif diminue les acides libres et les hydrocarbures, augmente les acides combinés et le titre d'iode.

Les cires végétales augmentent surtout les acides combinés et diminuent les hydrocarbures.

La cire de Carnauba est celle qui, par les résultats qu'elle fournit dans ces dosages, s'écarte le moins de la cire des abeilles ; cependant les acides libres et les hydrocarbures diminuent un peu et l'hydrogène dégagé par l'action de la chaux potassée augmente notablement ; mais, dans ce cas, on a surtout comme critérium le point de fusion, qui est beaucoup plus élevé.

On est mis ainsi, d'après les résultats obtenus, sur la voie de la fraude et on a, en même temps, des indications suffisantes pour déterminer la nature du produit ajouté.

Ceci n'est vrai toutefois que pour le cas où on n'a ajouté à la cire qu'un seul produit étranger. Quand, au contraire, elle a été falsifiée par un mélange des substances précédentes, les changements qu'on observe peuvent être différents de ceux que nous venons d'indiquer; mais, même dans les cas les plus défavorables, au moins une de ces déterminations fournit un résultat en dehors de ceux qu'on obtient normalement avec la cire pure. C'est pourquoi, comme nous l'avons fait ressortir plus haut, il est nécessaire de faire le plus possible de déterminations. Là où deux déterminations ne suffisaient pas, on réussit en en faisant cinq. Même avec les mélanges les plus complexes et les mieux combinés la falsification est mise en évidence.

Une fois la nature de la falsification ainsi établie, il est facile, d'après les résultats obtenus, de trouver, par un calcul, analogue à ceux que nous avons donnés précédemment comme exemple, la proportion du ou des produits ajoutés.

On peut, du reste, après coup, voir si le résultat auquel on arrive est exact; il suffit d'établir par le calcul la composition du mélange trouvé, en prenant comme base les nombres que nous avons indiqués, et de comparer ces nombres à ceux obtenus avec le produit analysé.

La même méthode est applicable aux cires d'abeilles blanchies; mais il faut se rappeler que, dans ce cas, les limites entre lesquelles oscillent les résultats ne sont plus les mêmes. Les nombres particuliers aux cires blanches, que nous avons établis plus haut, varient dans des limites plus étendues, différent avec le procédé de blanchiment employé, et, comme on est obligé de prendre pour base du calcul des nombres moyens, la méthode est, par conséquent, un peu moins précise.

Voyons maintenant quel est le degré d'exactitude du procédé et jusqu'à quel point on peut quantitativement reconnaître la fraude. On peut facilement établir la chose par le calcul. Nous avons calculé le changement qu'apporterait dans une cire jaune des abeilles pure, l'addition de 5 %, 10 %, etc. des différents produits le plus souvent employés à la falsifier. Nous avons cru inutile de faire le calcul pour une quantité inférieure à 5 % car, en dessous de ce nombre, la fraude, ne présentant pratiquement aucun intérêt, ne se fait pas.

Dans ce calcul nous avons pris pour base une cire jaune des abeilles pure, de composition moyenne et pour les produits ajoutés les nombres moyens déterminés plus haut. Nous donnons dans le tableau suivant (p. 142) le résultat de ces calculs; les nombres, qui sont en dehors des limites des cires jaunes pures et qui caractérisent la fraude, sont imprimés en chiffres gras.

Nous avons fait la même chose pour une cire blanchie (p. 143).

Ces nombres montrent que, dans tous les cas, sauf celui de la cire de Carnauba, on peut trouver par cette méthode au moins 5 % de produit étranger ajouté à la cire des abeilles. Un ou plusieurs des nombres, quelquefois même quatre ou cinq, sont, en effet, dans ces conditions, en dehors des limites fixées et, quand la proportion dépasse 5 %, ces nombres s'éloignent considérablement de ceux fournis par les cires pures; il est donc facile ainsi d'établir la fraude.

On voit dans ce tableau que la méthode ne permet pas de déceler la présence de 5 % de cire de Carnauba, dans la cire des abeilles; tous les nombres restent dans les limites admises. Cependant on peut trouver 10 % (dans ce cas, le nombre représentant les acides libres est inférieur au nombre moyen) et, à fortiori, une plus forte proportion. On verra, du reste, qu'on peut néanmoins déceler 5 % de cire de Carnauba par une autre détermination, par le point de fusion.

Cires jaunes

	Acides libres en milligr. de KHO pour 1 gr. du produit	Totalité des acides en milligr. de KHO pour 1 gr. du produit	Iode fixé pour 100 du produit	Volume d'hydrogène à 0° et 760 mm. fourni par 1 gr. du produit	Hydrocarbures pour 100 du produit
Cire jaune pure employée	20,17	93,49	10,87	54cc	13,54
La même avec 5 % de suif	19,29	98,91	12,12	53cc,9	12,86
id. 10 % id.	18,42	104,34	13,38	53cc,8	12,18
La même avec 5 % de cire végétale	20,10	99,83	10,65	55cc,2	12,86
Id. 10 % id.	20,04	106,16	10,44	56cc,4	12,18
La même avec 5 % de cire du Japon	20,05	99,91	10,68	54cc,8	12,86
Id. 10 % id.	19,95	106,34	10,50	55cc,6	12,18
Id. 25 % id.	19,59	125,61	9,96	58cc,1	10,15
La même avec 5 % de cire de Carnauba	19,43	92,76	10,78	55cc,1	12,94
Id. 10 % id.	18,69	92,04	10,69	56cc,2	12,34
Id. 25 % id.	16,47	89,06	10,44	59cc,7	10,55
La même avec 5 % de cire minérale	19,16	88,81	10,32	51cc,3	17,86
Id. 10 % id.	18,15	84,14	9,78	48cc,6	22,18
La même avec 5 % de résine	27,56	97,72	17,12	53cc	12,86
Id. 10 % id.	34,95	101,94	23,33	52cc	12,18
La même avec 5 % de cire du suint	24,91	94,76	10,98	51cc,3	13,56
Id. 10 % id.	29,65	96,04	11,09	48cc,6	13,58
Id. 20 % id.	39,15	98,59	11,33	43cc,2	13,63
La même avec 5 % d'acides cireux du suint	27,81	97,73	10,46	51cc,3	12,86
Id. 10 % id.	35,49	101,99	10,06	48cc,6	12,18
Id. 20 % id.	50,80	110,50	9,24	43cc,2	10,83

Cires blanches

	Acides libres en milligr. de KHO pour 1 gr. du produit	Totalité des acides en milligr. de KHO pour 1 gr. du produit	Iode fixé pour 100 du produit	Volume d'hydrogène à 0° et 760 mm. fourni par 1 gr. du produit	Hydrocarbures pour 100 du produit
Cire blanche pure employée	20,5	95	6,5	54cc	11,5
La même avec 5 % de suif	19,61	100,3	7,97	53cc,9	10,9
Id. 10 % id.	18,72	105,7	9,45	53cc,8	10,3
La même avec 5 % d'acide stéarique	29,67	100,7	6,37	51cc,3	10,9
Id. 10 % id.	38,85	105,4	6,25	48cc,6	10,3
La même avec 5 % de cire végétale	20,3	101,3	6,50	55cc	10,9
Id. 10 % id.	20,2	107,7	6,51	56cc	10,3
La même avec 5 % de paraffine	19,4	90,2	6,32	51cc,3	15,90
Id. 10 % id.	18,4	85,5	6,16	48cc,6	20,35
La même avec 50 % de cire minérale blanche	10,25	47,5	3,25	27cc	55,7

Composition du mélange	Acides libres en milligr. de KHO pour 1 gr. du produit	Totalité des acides en milligr. de KHO pour 1 gr. du produit	Iode fixé pour 100 du produit	Volume d'hydrogène à 0° et 760 mm. fourni par 1 gr. du produit	Hydrocarbures pour 100 du produit
Cire du Japon 50 % / Cire de Carnauba 50 %	11,65	150,5	8,20	73cc,6	0,81
Cire minérale 50 % / Cire végétale 50 %	9,45	110	3,33	37cc,2	50
Suif 10 % / Cire de Suint 50 % / Cire de Carnauba 40 %	59,9	111,3	13,85	35cc,9	7,63
Résine 66 % / Paraffine 34 %	110,8	117,48	90,5	22cc,4	34
Résine 75 % / Acide stéarique 25 %	177	185,75	103	25cc,5	0
Suif 29 % / Résine 47 % / Paraffine 24 %	79,7	142,2	74,9	31cc,5	24
Suif 10 % / Paraffine 40 % / Cire blanche pure 50 %	10,5	67,7	8,11	32cc,2	45,75
Suif 20 % / Cire minérale blanche 80 %	0,55	40,4	7,20	10cc,4	80
Cire des abeilles 60 % / Suif 10 % / Acide stéarique 10 % / Paraffine 20 %	32,50	97,5	10,12	37cc,9	28,20

Nous avons aussi calculé la composition théorique de certains mélanges faits pour remplacer la cire des abeilles, et nous donnons ci-contre (p. 144) les résultats de ces calculs.

On voit que, pour ces mélanges complexes, les nombres s'écartent plus encore des nombres fournis par les cires pures et que, par conséquent, ces falsifications seront très facilement mises en évidence.

Il nous reste à montrer que les résultats obtenus par l'analyse sont conformes à ceux fournis par le calcul. Pour cela, nous avons analysé un certain nombre de ces mélanges et nous donnons les résultats dans le tableau ci-dessous (p. 146).

Pour la plupart des échantillons nous avons jugé inutile de faire l'analyse complète et nous nous sommes contentés de faire les déterminations les plus importantes.

Si on compare les résultats aux nombres théoriques, calculés plus haut (p. 142 et p. 144), on voit qu'ils concordent autant qu'on peut le désirer.

Il y a plus, la cire de Carnauba, dont on n'avait pas pu déceler 5 °/₀ dans la cire des abeilles par les déterminations précédentes, est mise en évidence ici par le point de fusion, qui s'élève notablement et se trouve dans ce cas en dehors des limites fixées pour la cire pure. Ainsi donc, même ce cas difficile n'échappe pas à la méthode bien appliquée.

Le procédé présente donc toute l'exactitude désirable. On peut toujours de cette façon déceler très facilement la fraude et, par l'examen attentif de tous les nombres obtenus et particulièrement de ceux qui sont en dehors des limites, on peut établir quels sont les produits ajoutés et calculer ensuite la proportion pour laquelle ils entrent dans le mélange. Nous n'avons rien à ajouter concernant le raisonnement à faire pour arriver à ce résultat et sur la façon de faire le calcul; nous avons suffisamment insisté sur ce point dans ce qui précède.

Composition du mélange	Point de fusion	Acides libres en milligr. de KHO pour 1 gr. du produit	Totalité des acides en milligr. de KHO pour 1 gr. du produit	Iode fixé pour 100 du produit	Volume d'hydrogène à 0° et 760 mm. fourni par 1 gr. du produit	Hydrocarbures pour 100 du produit
Cire jaune pure 90 % / Suif 10 %	61°,7	18	105	13,48	—	—
Cire jaune pure 90 % / Cire minérale 10 %	65°	17,5	—	10,05	50cc	21,20
Cire jaune pure 90 % / Cire végétale 10 %	61°,5	19,3	109	10,35	—	—
Cire jaune pure 95 % / Cire de Carnauba 5 %	66°,7	—	—	—	—	—
Cire jaune pure 90 % / Cire de Carnauba 10 %	71°	19	—	10,49	—	—
Cire jaune pure 90 % / Cire du suint 10 %	62°,7	30	97,7	11,45	50cc,2	12,97

Composition du mélange	Point de fusion	Acides libres en milligr. de KHO pour 1 gr. du produit	Totalité des acides en milligr. de KHO pour 1 gr. du produit	Iode fixé pour 100 du produit	Volume d'hydrogène à 0° et 760 mm. fourni par 1 gr. du produit	Hydrocarbures pour 100 du produit
Cire jaune pure 90 % / Acide cireux du suint 10 %	62°,7	35,7	—	10,13	—	—
Cire jaune pure 90 % / Résine 10 %	61°,7	34,7	104,5	21,9	—	—
Cire végétale 50 % / Cire minérale 50 %	65°	8,1	—	3,67	37cc,6	48,25
Cire du Japon 50 % / Cire de Carnauba 50 %	76°	9,2	152	8,01	—	—
Paraffine 33 % / Résine 66 %	50°,5	109	120	94	—	—
Acide stéarique 25 % / Résine 75 %	49°,5	177	—	105,1	—	—
Suif 10 % / Cire du suint 50 % / Cire de Carnauba 40 %	72°	56,2	113	13,64	—	—
Suif 29 % / Paraffine 24 % / Résine 47 %	45°,5	78,3	145	73,53	33cc,6	23,46

En résumé et comme conclusion de ce travail, voici la marche qu'il convient de suivre pour l'essai systématique de la cire des abeilles brute ou blanchie. Sur l'échantillon à analyser on fait successivement les déterminations suivantes.

1° On dose l'humidité, en séchant à l'étuve, à 100°-110°, un poids donné de la matière. La perte de poids, c'est-à-dire la teneur en eau, ne doit pas dépasser 1 %.

2° On traite à chaud un poids connu par le chloroforme ou l'essence de térébenthine et on filtre. La cire, qui est complètement soluble dans ces dissolvants, doit par conséquent se dissoudre sans résidu. S'il en était autrement, on étudierait par les méthodes connues la nature du résidu recueilli sur le filtre. On trouve ainsi les poudres minérales ou organiques ajoutées frauduleusement à la cire.

3° On prend le point de fusion et la densité de l'échantillon. Si on a affaire à de la cire des abeilles pure, ces deux déterminations doivent donner des nombres qui sont dans les limites indiquées plus haut.

Ces essais préliminaires peuvent déjà faire connaître certaines falsifications grossières; mais, si les résultats n'indiquent rien d'anormal et sont conformes à ceux fournis par la cire des abeilles pure, on continue de la façon suivante.

4° On lave à l'eau bouillante, à plusieurs reprises, 20 gr. environ de la cire à essayer; on filtre les eaux de lavage et on détermine leur acidité au moyen d'une liqueur titrée de soude. Les eaux de lavage de la cire des abeilles pure, bien préparée, sont très peu acides; celles des cires végétales le sont beaucoup plus. Nous avons donné les nombres représentant l'acidité de chacune d'elles. On a ainsi une première indication qui peut mettre sur la voie de la cire végétale, si celle-ci a été ajoutée au produit. Du reste, il ne faut jamais négliger de faire ce lavage, car les opérations qui suivent doivent toujours être faites, nous en avons donné la raison, sur la cire préalablement débarrassée des produits solubles dans l'eau.

Cet essai permet, en outre, de déceler la présence des matières colorantes, qui ont pu être employées à colorer artificiellement le produit. Les principes colorants du curcuma, de la gomme gutte et du rocou, dont on se sert quelquefois à cet effet, sont solubles dans l'eau et leur solution, jaune pâle en liqueur acide, a la propriété de virer au rouge par l'addition d'un excès d'alcali. On reconnaît ainsi facilement la présence de ces colorants dans les cires falsifiées.

5° Sur le produit ainsi lavé puis séché on fait ensuite successivement les différentes déterminations que nous avons décrites en détail dans le cours de ce travail.

L'ensemble comprend :

1° Le dosage des acides libres.

2° Le dosage de la totalité des acides.

3° Le dosage des acides non saturés, le titre d'iode.

4° La détermination du volume d'hydrogène dégagé par l'action de la chaux potassée.

5° Le dosage des hydrocarbures.

Si on a affaire à de la cire des abeilles pure, les résultats de ces dosages restent dans les limites que nous avons fixées pour chacun d'eux. Dans le cas contraire, c'est-à-dire si un ou plusieurs des nombres sont en dehors des limites, c'est que le produit a été falsifié; des résultats obtenus, on peut toujours, comme nous l'avons montré, déduire la nature des produits ajoutés et, avec une approximation très grande, la proportion pour laquelle ils entrent dans le mélange.

Ainsi se trouve résolu aussi complètement que possible le problème que nous nous étions posé.